● 中国玉文化与系统宝石学丛书

新疆塔玉

廖宗廷　钟倩　周征宇　景璀 ○ 著

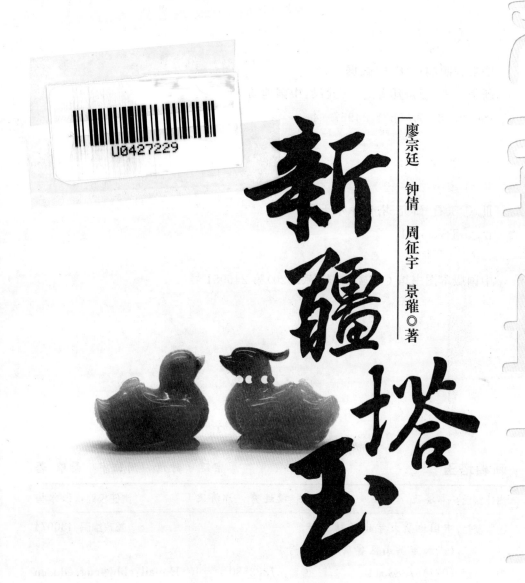

中国地质大学出版社
ZHONGGUO DIZHI DAXUE CHUBANSHE

图书在版编目(CIP)数据

新疆塔玉/廖宗廷等著. —武汉:中国地质大学出版社,2020.12
ISBN 978-7-5625-4957-4

Ⅰ. ①新…

Ⅱ. ①廖…

Ⅲ. ①玉石-研究-塔什库尔干县

Ⅳ. ①TS933.21

中国版本图书馆 CIP 数据核字(2020)第 246951 号

新疆塔玉	廖宗廷　钟倩　周征宇　景璀 著
责任编辑:郑济飞	选题策划:段连秀　郑济飞　责任校对:张咏梅
出版发行:中国地质大学出版社	邮政编码:430074
（武汉市洪山区鲁磨路388号）	
电　　话:(027)67883511　传真:67883580	E-mail:cbb@cug.edu.cn
经　　销:全国新华书店	http://cugp.cug.edu.cn
开本:787毫米×960毫米 1/16	字数:222千字　印张:12
版次:2020年12月第1版	印次:2020年12月第1次印刷
印刷:荆州鸿盛印务有限公司	
ISBN 978-7-5625-4957-4	定价:68.00元

如有印装质量问题请与印刷厂联系调换

《中国玉文化与系统宝石学丛书》
编委会

主　　任：廖宗廷
副主任：周征宇　钱振峰　亓利剑
委　　员（按姓氏笔画）：

马婷婷	包章泰	朱静昌	刘月朗
米增富	许长海	纪凯俤	孙　捷
杨如增	杨　曦	吴跃兴	吴德昇
宋晓欧	宋善威	陈　桃	金延新
周文一	倪世一	唐　帅	黄　松
景　璀	程　昊	曾春光	廖冠琳

根据我国社会、经济、科技和文化发展的需要,同济大学利用所拥有的地球科学、材料科学、设计艺术学、管理科学、人文科学等优势和条件,于1993年创立了宝石学科。学科成立之后,通过一系列建设,在人才培养、科学研究、社会服务、国际交流合作和文化传承创新等方面均取得了丰硕成果:建立了各类短期培训—跨学校通识课程—跨学校辅修专业—本科—研究生等多元化的人才培养体系,培养了大批各层次人才;与英国、意大利、德国、澳大利亚、美国、比利时等建立了密切合作关系,促进了学科建设及时与国际接轨;科学研究不断取得新进展,并在和田玉、图章石、有机宝石、宝玉石优化与处理、饰用贵金属材料工艺学等方面形成了特色;产学研合作不断深化,建立了众多水平较高、运行良好、效果明显的产学研合作基地,促进科技成果及时转化为现实生产力;玉文化研究不断取得新进展,并已影响到海外。现拥有中英联合同济大学教育中心(ATC)、同济大学宝石及材料工艺学实验室、上海宝石及材料工艺工程技术研究中心、上海市珠宝实训中心等机构。相关成果获上海科技进步二等奖1项、上海市教学成果一等奖4项、上海市优秀教材一等奖2部、上海市精品课程2门、上海市教学团队1个、国家级教学成果二等奖2项、国家级精品课程1门、国家级教学团队1个,相关教师获各类奖数十项。

2013年是同济大学宝石学学科成立20周年,学校举行了简朴的庆祝仪式,同时成立了同济大学珠宝首饰行业校友联谊会,筹划TGI当代玉典大师联展,建立TGI培训课程体系,筹建TGI珠宝首饰设计联合工作室,开展 TGI 跨界对话,成立和田玉研究基地,编写出版《中国玉文化与系统宝石学丛书》(以下简称《丛书》)等。按照规划,我们梳理了已出版的和将要出版的专著、教材、科普读物、行业参考书等共十余部,陆续将由中国地质大学出版社出版或再版。我们希望《丛书》能够得到全国开展宝石学教育的学校及单位师生以及业内人士的喜爱,希望《丛书》能够起到抛砖引玉的作用,引导更多人来关心或参与弘扬中国玉文化,促进宝石学学科发展,为推动我国珠宝产业可持续发展做出新的贡献。

本《丛书》出版得到上海市科学技术委员会、山东只楚集团有限公司、江苏斗山文化传播交流有限公司和中国地质大学出版社的大力支持,在此一并表示感谢。限于我们的认识和水平,《丛书》难免会有疏漏和不尽如人意之处,诚恳地希望广大读者提出宝贵的意见和建议,帮助我们共同将《丛书》编著好。

《中国玉文化及系统宝石学丛书》编委会
2014 年 6 月

前言

新疆维吾尔自治区塔什库尔干塔吉克自治县（以下简称塔县）位于我国西北边陲的帕米尔高原地区。"帕米尔"是塔吉克语"世界屋脊"之意，中国古代称葱岭、不周山等，它横跨中国、塔吉克斯坦、阿富汗、巴基斯坦等，古丝绸之路和佛教北传之路经过于此，是道教传说中的"万祖之山"。相传盘古开天辟地就发生在此地，道教追尊盘古为"盘古真人""元始天尊""元始天王"等。这里也是地球上两条巨大山带（阿尔卑斯-喜马拉雅山带和帕米尔-楚科奇山带）的山结，还是喜马拉雅山脉、喀喇昆仑山脉、昆仑山脉、天山山脉、兴都库什山脉的交会处。群山起伏，连绵逶迤，雪峰群立，耸入云天，号称亚洲大陆地区的屋脊。乔戈里峰位于中国和巴基斯坦交界处，海拔8611m，是世界第二高峰。境内自然风景独特，文化底蕴深厚，矿产资源丰富。已查明的宝玉石矿产资源有水晶、祖母绿、海蓝宝石、刚玉、碧玺、天河石、石榴石、和田玉等20多种。塔县大同乡和田玉矿拥有悠久的开发利用历史，清代以前便是我国皇家宫廷用玉的重要产地，因此，塔县大同乡自古就享有"宝玉石之乡"的美誉。2010年，塔县大同乡又发现了以石英为主要成分的玉石矿体（本书称塔玉）。这是继金丝玉和东陵石后在我国西部发现的又一大型石英质玉矿。由于矿区地处偏远，交通不便、经济落后等原因，数年来该矿一直未得到合理的开发和利用。获此消息，同济大学宝石及工艺材料实验室、同济大学宝玉石文化研究中心、上海宝石及材料工艺工程技术研究中心立即组织相关研究人员和研究生于2018年6月和2019年8月两次赴新疆塔县塔玉矿区开展调查研究，并于2019年3月组织召开新疆塔玉矿产资源开发利用学术研讨会，确认了新疆塔玉具有颜色多样、质地纯净、结构细腻致密、储量丰富、工艺性能优越、旅游文化内涵厚重、开发潜力巨大等特点，能够对目前国内的优质石英质玉资源形成有效补充。有效的开发利用能够对当地经济、社会、旅游、文化等的发展起推动作用。近两年来，在同济大学"宝石学科教育发展基金"的资助下，我们针对新疆塔玉矿产资源开展了宝石学、岩石矿物学、矿物谱学以及开发利用等综合研究，基本厘清了新疆塔玉的宝玉石学属性及产地特征，初步提出了新疆塔玉的命名、分类及质量评价方案，明确了新疆塔玉的市场定位以及开发利用和产业发展中的优势和劣势、机遇与挑战。研究成果为科学合理开发新疆塔玉矿产资源提供了理论依据和重要参考。本书呈现的即是此次研究的主要成果。

　　本书共分七章。第一章对石英质玉的基本概念、性质及开发利用历史进行了简要介绍，并论述了石英质玉的研究现状、进展以及新疆塔玉的研究历史。第二章主要介绍了新疆塔玉矿的区域地质概况，运用板块构造理论论述了区内的构造演化历史，并从矿床地质特征出发阐述了新疆塔玉的矿床成因。第三章和第四章主要运用宝石学、岩石矿物学和矿物谱学等测试技术方法对新疆塔玉的矿物组成、化学成分、显微结构及颜色成因进行了研究，为新疆塔玉科学合理的命名与分类提供理论依据。第五章基于宝石学、岩石矿物学研究，并结合国家标准，提出新疆塔玉的学术名称和品种分类方案。第六章主要介绍了国内外珠宝玉石市场的产业环境及相关产业发展理论，明确了新疆塔玉资源开发利用和产业发展中存在的优势和劣势以及面临的机遇与挑战。第七章主要提出新疆塔玉的商业名称建议、市场定位、质量评价及产业发展方案，为政府、企业、市场科学合理开发利用新疆塔玉矿提供依据和参考。

　　本书的第一章由廖宗廷、钟倩共同撰写，第二章、第六章、第七章主要由廖宗廷、周征宇、景璀撰写，第三章、第四章、第五章主要由钟倩撰写。同济大学宝石及工艺材料实验室、同济大学宝玉石文化研究中心、上海宝石及材料工艺工程技术研究中心教学研究人员和研究生等为新疆塔玉的研究付出了大量努力。亓利剑教授亲赴现场指导调查工作，并对研究工作全程给予指导，博士研究生崔笛、赖萌和硕士研究生李凌参与了样品的分析测试和数据处理工作；塔什库尔干泰润文旅有限责任公司的包章泰、常利萍和塔县的加玛利丁、吾书尔库力、巴丁、依明江等在野外地质调查和样品采（收）集方面给予了诸多支持；摄影师鲍荣华和同济大学宝玉石文化研究中心的倪世一为新疆塔玉作品拍摄了精美的图片；上海宝玉石行业协会秘书长钱振峰、全经联文旅产业委员会副主任朱峰、同济大学马克思主义学院张劲教授、同济大学人文学院黄松副教授、米人玉雕工作室负责人米增富、地理信息系统研究中心（GIS）宋晓欧等多位专家就新疆塔玉的开发利用与产业发展等问题提出了宝贵建议；中国地质大学出版社对本书的出版提供了大力帮助。同时，作者在撰写过程中参考引用了国内外众多学者的研究成果和资料。在此，我们对上述个人和单位一并表示衷心的感谢。

著　者
2020 年 8 月

目录

第一章 绪论 ……………………………………………………………（1）

第一节 玉和石英质玉 ……………………………………………（1）

第二节 石英质玉研究现状 ………………………………………（7）

第三节 塔玉的发现 ………………………………………………（16）

上篇 宝石学与岩石矿物学

第二章 地质概况 ………………………………………………………（18）

第一节 自然地理及地质普查概况 ………………………………（18）

第二节 区域地层 …………………………………………………（30）

第三节 区域构造 …………………………………………………（34）

第四节 岩浆活动、变质作用和成矿作用 ………………………（39）

第五节 矿床地质特征及成因 ……………………………………（53）

第三章 宝石矿物学 ……………………………………………………（58）

第一节 宝石学特征 ………………………………………………（58）

第二节 物质组成 …………………………………………………（67）

第三节 结构构造 …………………………………………………（76）

第四节 产地特征 …………………………………………………（83）

第四章 矿物谱学 ……………………………………………… (88)

第一节 X射线粉晶衍射 …………………………………… (88)
第二节 红外光谱 …………………………………………… (92)
第三节 激光拉曼光谱 ……………………………………… (99)
第四节 紫外-可见-近红外吸收光谱 ……………………… (108)

第五章 名称与分类 …………………………………………… (115)

第一节 名称 ………………………………………………… (115)
第二节 品种分类 …………………………………………… (117)

下篇 开发与利用

第六章 产业环境及相关分析 ………………………………… (123)

第一节 产业环境 …………………………………………… (123)
第二节 相关理论 …………………………………………… (132)
第三节 优势与劣势、机遇与挑战 ………………………… (137)

第七章 开发利用 ……………………………………………… (141)

第一节 正名与定位 ………………………………………… (141)
第二节 品质与评价 ………………………………………… (147)
第三节 建议与对策 ………………………………………… (154)

主要参考文献 …………………………………………………… (162)

附件 塔玉作品赏析 ………………………………………… (173)

第一章 绪 论

第一节 玉和石英质玉

一、基本概念和基本性质

什么是玉？什么是玉石？这个问题在宝石界、玉文化界和考古界争论已久，是一个似已解决而又未真正形成统一认识的问题。中国古代和现代关于玉和玉石的认识仍存在重大区别。东汉时期的学者许慎在其著作《说文解字》中说："玉，石之美者，有五德。润泽以温，仁之方也；䚡理自外，可以知中，义之方也；其声舒扬，专以远闻，智之方也；不挠而折，勇之方也；锐廉而不忮，洁之方也。"从传统玉文化的角度出发，玉可以分为真玉和非真玉。真玉是透闪石质玉，即中国人最为熟悉的和田玉，除此之外，被称为非真玉。1863年，法国矿物学家Damour（德穆尔）首次对八国联军从中国圆明园掠夺至欧洲的"真玉（和田玉）"和"翡翠"艺术品进行了矿物学研究，并公布了这两种材料的矿物学特征和物理化学性质等研究成果。他将这两种材料统称为Jade（中国人称"玉"），同时将主要由透闪石矿物组成的"和田玉"命名为Nephrite；主要由辉石组成的"翡翠"命名为Jadeite。至此，我们所说的玉包括和田玉和翡翠两种，其他"非真玉"可称为"玉石"和"彩石"等（廖宗廷等，2017），石英质玉属于玉石范畴。

基于现代宝石学对于玉石的定义，广义的"玉"包括一切由自然界产出，具有美观、耐久、稀少性和工艺价值，可加工成饰品的矿物集合体或少数非晶质体。根据《珠宝玉石·名称》（GB/T 16552—2017），如蛇纹石、绿松石、独山玉、青金石、大理石、欧泊等均可称玉。其中，石英质玉石（简称石英质玉）因其产量丰富、分布广泛、品种多样，在玉石市场中的规模不断扩大，逐渐受到越来多消费者的喜爱。石英质玉英文名称为 Quartzose jade,化学成分主要为 SiO_2,含少量的 Ca、Mg、Na、Fe、Mn、Cr 等元素,是天然产出的、达到工艺要求的、以石英为主的、呈粒状或纤维放射状的显晶质—隐晶质矿物集合体,可含有少量赤铁矿、针铁矿、云母、高岭石、蛋白石、有机质等。由于它含有其他次要矿物,不同品种的化学成分会存在一定差别。石英质玉的组成矿物石英为三方晶系,石英晶体通常由六方柱及两端的菱面体组成,如果两端的两套菱面体均同等发育,则晶体将以似六方双锥为其终端。石英晶体充分发育者和单体或晶簇具完美造型者本身就具有极高的收藏价值。石英质玉按其主要组成矿物石英的结晶状态可分为显晶质石英质玉(如东陵玉、石英岩玉等),隐晶质石英质玉(如玉髓、玛瑙等),具有二氧化硅交代假象的石英质玉(如虎睛石、鹰睛石、硅化木、硅化珊瑚等)和晶质石英质玉(如水晶、芙蓉石等)(廖宗廷等,2017)。

石英质玉无解理,贝壳状或参差状断口,摩氏硬度 6.5～7.0,韧度中等,密度 $2.55～2.65g/cm^3$。纯净时为无色,当含有不同的杂质元素或混合不同的其他矿物时,可呈现各种各样不同的颜色;一般为玻璃光泽,有时显油脂光泽,透明—半透明—不透明;折射率单晶体为 1.544～1.553,集合体为 1.54～1.55;单晶体水晶可具有星光效应和猫眼效应;单晶体水晶可含金红石、阳起石、电气石、云母、火山泥等包裹体,钛金、发晶、绿幽灵水晶等都属于含包裹体的水晶;玛瑙可包裹成矿时的水溶液而形成水胆玛瑙。包裹体可大大提高石英质玉的收藏价值。

严格意义上讲,晶质的水晶和芙蓉石属于狭义的宝石范畴,同时国家标准也有相同的规定,因此,笔者在本书中讨论的主要是显晶质的石英质玉、隐晶质的石英质玉和具有二氧化硅交代假象的石英质玉三类。

石英质玉产地众多,几乎世界各地都有产出。国外产地有印度、巴西、马达加斯加、坦桑尼亚等,国内有云南龙陵、云南保山、新疆克拉玛依、四川凉山、辽宁阜新、辽宁丹东、河北宣化、内蒙古阿拉善、内蒙古佘太、北京西山、河南新密、广西桂林、广西贺州、贵州晴隆、陕西洛南、安徽霍山、湖南临武、江苏南京等数十个产地(表 1-1)。不同产地产出的,具有不同外观特征的石英质玉又常被赋予不同的名称。据不完全统计,目前我国珠宝玉石市场上石英质玉的商贸名称或"俗称"已达 30 多个(表 1-1),包括在玉石市场中颇具名气的"黄龙玉""金丝玉""南红玛瑙""雨花石""台湾蓝玉髓""京白玉""佘太翠"等品种。

第一章 绪 论

截至目前,已有13个省(自治区)颁布了与石英质玉有关的地方标准,如金丝玉、黄龙玉、南红玛瑙、南红、阿拉善玉、霍山玉(大别山玉)、鸡血玉、贺州玉、密玉、通天玉、树化玉、石林彩玉、台山玉、荆山玉。此外,还有诸如大化石、乳源彩石一类的石英质观赏石(罗书琼等,2013;王妍等,2015)。

表1-1 我国主要石英质玉品种(据陈华等,2015年修编)

序号	商贸名称	宝石学基本名称	产地	标准号
1	金丝玉	石英岩、玉髓	新疆准格尔盆地	《金丝玉》(DB65/T 3442—2013)
2	黄龙玉	石英岩、玉髓	云南龙陵	《黄龙玉分级》(DB53/T 282—2009)《黄龙玉》(DB53/T 440—2012)
3	南红玛瑙	玉髓、玛瑙	云南保山	《南红玛瑙》(DB53/T 537—2013)
4	南红	玉髓、玛瑙	四川凉山	《南红》(DB51/T 1933—2014)
5	阿拉善玉	玛瑙、硅质碧玉、玉髓	内蒙古阿拉善	《阿拉善玉》(DB15/T 715—2014)
6	大别山玉	石英岩、玉髓	安徽大别山区	《大别山玉》(DB34/T 1852—2013)
7	鸡血玉	玉髓	广西桂林	《鸡血玉》(DB45/T 1076—2014)
8	贺州玉	石英岩、玉髓	广西贺州	《贺州玉》(DB45/T 1066—2014)
9	密玉	石英岩	河南新密	《密玉》(DB41/T 972—2014)
10	通天玉	石英岩、玉髓	湖南临武	《通天玉》(DB43/T 1133—2015)
11	树化玉	硅化木	云南、新疆、辽宁等	《树化玉》(DB53/T 561—2014)
12	石林彩玉	石英岩、玉髓	云南石林	《石林彩玉》(DB53/T 804—2016)
13	台山玉	石英岩、玉髓	广东台山	《台山玉》(DB44/T 1716—2015)
14	荆山玉	石英岩、玉髓	湖北保康	《荆山玉》(DB42/T 1207—2016)
15	塔玉	石英岩	新疆塔什库尔干	
16	金华玉	石英岩、玉髓	浙江金华	
17	仙都丹玉	石英岩、玉髓	浙江缙云	
18	台湾蓝宝	玉髓	中国台湾	
19	台湾翠	石英岩	中国台湾	
20	战国红玛瑙	玛瑙	辽宁阜新—北票、河北宣化	

续表 1-1

序号	商贸名称	宝石学基本名称	产地	标准号
21	北红玛瑙	玛瑙	黑龙江伊春、逊克、嫩江	
22	雨花石	玛瑙	江苏南京	
23	东陵石	石英岩	新疆、青海	
24	京白玉	石英岩	北京西山	
25	贵翠	石英岩	贵州晴隆	
26	佘太翠	石英岩	内蒙古佘太	
27	金砂玉	石英岩	广东、广西,以及黄河流域	
28	桦甸玉	石英岩	吉林桦甸	
29	琅琊玉	石英岩	山东郯城	
30	洛南玉	石英岩	陕西洛南	
31	盈江玉	石英岩	云南盈江	
32	珊瑚化石	硅化珊瑚	中国台湾、云南	

二、开发利用历史

石英质玉的开发利用具有悠久的历史。东晋王嘉撰写的《拾遗记》曾载:"黄帝时,玛瑙瓮至,尧时犹存,甘露在其中,盈而不竭",舜时"迁宝瓮于衡山之上"。书中的"玛瑙瓮"和"宝瓮"的材料就是石英质玉的一种。在距今70万~20万年的周口店北京人遗址中就发现用脉石英、燧石、玉髓制作的石器(吕遵谔,2004)。当时人们用石英质玉制作工具,用于生产、狩猎以及防卫。同时,石英质玉也可用作装饰物。这些石英质器物的原料来源于远处的河流滩涂,通过人们的精挑细选获得,这反映出原始人审美意识的觉醒——即便这些工具浑然天成,未经人工雕琢(刘成纪,2015)。距今2.8万年左右的山西峙峪文化遗址(属旧石器时代晚期)出土的大量石器,制作原料有脉石英、石英岩、硅质灰岩和各种颜色的石髓等。此外这里还出土了一件半透明水晶制成的斧形小石刀和一件由燧石制成的石镞(图1-1)。就其中的水晶质斧形小石刀,贾兰坡等(1972)作了如此描述:"遗址中有一件经过精致加工,小巧美观,外形似

第一章 绪 论

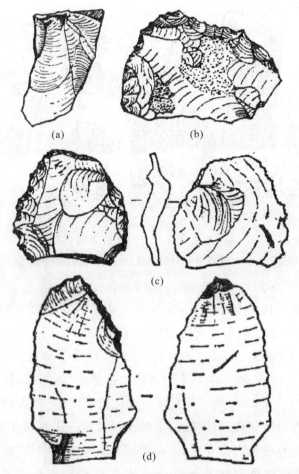

图1-1 山西峙峪旧石器时代文化遗址中出土的部分石
英质玉石器示意图(据贾兰坡等,1972)
(a)多面石核(燧石);(b)圆盘状刮削器(褐色火石);
(c)圆盘状刮削器(微绿色石髓);(d)石镞(燧石)

斧的石器。原料为半透明的水晶。沿着石片的一侧边缘,从劈裂面向背面修理成弧形刃口,而相对的一边修理使之成一个凸出的柄状部分。柄状部分本身两侧有错向修理的痕迹,顶端也经过加工,器形十分周正"。就旧石器时代晚期人类可以达到的制作水平而言,这把水晶刀堪称工艺史的奇迹。

距今1.7万年前的大连古龙山洞穴遗址(属旧石器时代)发现有4件由脉石英、燧石、石英砂岩制成的石器(图1-2)。距今6400~5600年的浙江鲻山

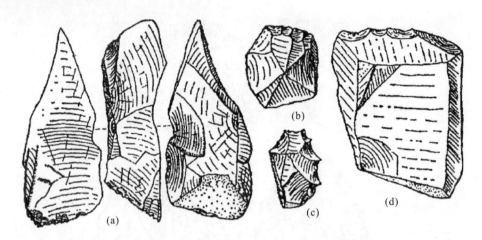

图1-2 大连古龙山旧石器晚期文化遗址中出土的石英质玉石器示意图(据付博,2009)
(a)石英岩半边石片;(b)脉石英端刃刮削器;(c)燧石复刃刮削器;(d)石英砂岩石核

遗址(属新石器时代河姆渡文化)中发现有大量燧石打制石器。距今6000～5000年的长江下游北阴阳营文化遗址(属新石器时代)发掘有玛瑙制作的装饰品,形制丰富,有玦、璜、管、珠、坠等各种饰件,反映了原始社会人们对于美的追求。距今5500～5000年的辽宁牛河梁文化遗址(属新石器时代红山文化晚期)和距今4000～3500年的赤峰夏家店文化遗址下层(属青铜时代)中除细石器外,均出土有玛瑙制成的环状玦(辛学飞,2017)。从西周开始,经春秋战国,直至两汉时期,玛瑙被大量用于组玉佩等项饰、胸饰之上。例如,山东淄博郎家庄一号东周墓和单家庄齐国墓中出土有玛瑙觿和玛瑙环(山东博物馆,1977);江西南昌的西汉海昏侯刘贺墓中的随葬品有大量红玛瑙、缠丝玛瑙制作的珠子、镶嵌饰件等(巫新华等,2019)。从唐代开始,玛瑙开始被用于制作成器皿件。唐代的西安何家村窖藏出土有一件镶金玛瑙兽首杯和两件玛瑙长杯,前者材质晶莹,造型生动,金玉辉映,美丽实用,是目前中国历史上玛瑙角杯中最为独特的一件(董洁,2010)。明、清两代的宫廷器皿中留传有大量玛瑙制成的花插、杯、碗、瓶、盘、罐、炉、笔洗、笔架、鼻烟壶、印章等生活用具和赏玩器,也有诸如十八子手串、吊坠、耳坠、山子等饰品和摆件。玛瑙被誉为"佛教七宝"之一,同时也常应用于清代朝珠的制作(栾晔,2009;李芝安,2013)。

由此可见,作为中国传统玉料不可或缺的一部分,包括玛瑙、玉髓、石英岩在内的石英质玉具有极高的经济价值、文化价值和历史价值。尤其是在传统玉石市场处于快速变革创新发展的今天,和田玉和翡翠作为普遍而重要的玉雕原料已不能满足行业持续发展的需求,更不能满足设计者和工艺师们对不同颜色、质地、工艺表现上的生产需要和市场的多样化发展。随着经济发展、文化宣传和市场化推动,近年来,国内越来越多的优质石英质玉资源得到重视、研究、开发和利用。

第二节 石英质玉研究现状

石英质玉主要包括玛瑙、玉髓、碧石、石英岩、东陵石、虎睛石、鹰睛石、硅化木、硅化珊瑚等诸多品种。目前,石英质玉研究成果主要集中在不同品种、不同产地石英质玉的岩石矿物学特征、振动光谱特征、颜色成因以及矿床成因等诸多方面。随着国内外石英质玉矿床的陆续发现,相关研究资料也在不断丰富。

一、岩石矿物学

近年来,石英质玉的矿物组成、化学成分、显微结构等岩石矿物学特征研究已相对成熟,研究方法包括岩矿薄片偏光显微镜下观察(PM)、X射线粉晶衍射(XRD)、X射线荧光光谱(XRF)、电子探针(EPMA)、电感耦合等离子体质谱仪(ICP-MS)、激光诱导离解光谱仪(LIBS)、扫描电子显微镜(SEM)、电子背散射衍射(EBSD)等各类传统或先进的测试方法。

在矿物组成方面,大量研究结果表明,不同品种或不同产地石英质玉的主要矿物组成均为石英,只是石英的形态、颗粒大小等显微结构特征或构造特征不同;次要矿物组成可存在明显差异。如新疆金丝玉含有黄铁矿、云母等杂质矿物(田帅等,2014)。黄龙玉含有少量伊利石、方解石、蒙脱石、白云母、绢云母、绿泥石、黄铁矿、褐铁矿、氧化锰、铁泥质矿物等(姚雪,2007;田隆,2012;刘学等,2013);大别山玉含少量的绢云母、绿泥石、萤石、黄铁矿及其他黏土矿物等次要矿物(戴慧等,2011);密玉次要矿物有铬绢云母、锆石、电气石、铁质矿物等(潘羽,2017);东陵石中含有10%~13%的铬云母片和各1%~2%的金红石、锆石、黄铁矿、铬铁矿等次要矿物(李娅莉,1997);佘太翠次要矿物主要有云母、方解石、长石、赤铁矿、叶蜡石、伊利石、高岭石等(陈全莉等,2013a);荆山玉含少量赤铁矿、针铁矿、磷灰石、方解石、白云石、绢云母等次要矿物(鲁力等,2016);石林彩玉可含有黏土微粒、石英颗粒、铁质(生物遗迹)、铁泥质(生物遗迹泥岩质)、砂岩质绿泥、风化泥岩角砾质、泥-粉砂岩质碎裂角砾岩质、凝灰质砂岩质等矿物包体(戴铸明,2017);红碧石(乌石、羊肝石或鸡肝石)次要矿物为赤铁矿和钙铁榴石(喻云峰等,2017);保山南红玛瑙次要矿物为斜硅石及方解石等(郭威和王时麒,2017)。

在化学成分方面,石英质玉的主要成分为 SiO_2,有时含量可达99%以上。相较而言,研究人员更关心石英质玉中所含的微量成分,其中又以 Fe 元素的研究最为广泛。普遍认为,石英质玉的红色与 Fe 元素有关,红色部分的鲜艳程度与 Fe 含量成正比,Fe 含量越高,玉石颜色越深(张勇等,2014;李圣清等,2014;祝琳等,2015;代司晖和申柯娅,2016)。黄龙玉的黄色、橙色、红色系颜色主要由 Fe^{3+} 离子引起,黑色、灰色、墨绿色主要由 Fe^{2+} 离子致色引起,黑色或褐黑色水草由 Mn^{4+} 离子引起(黄龙玉命名与确认标准专家研讨会,2010)。Götze 等(2001a)认为玛瑙母岩(火成岩)中的石英里存在 Fe 置换 Si 所产生的色心,但即便是在含 Fe 量较高的红色条带中,能进入结构进行替换的 Fe 也十分有限,并不能产生颜色。刘婉(2009)的研究证实了这一观点,黄龙玉中的 Fe 主要集中于晶粒间的缝隙处,而非晶粒上。由此可见,红色石英质玉的颜色与 Fe 元素的存在形式密切相关。骆少勇等(2017)发现保山南红玛瑙中的 Fe 含量与颜色深度、亲石元素含量存在正相关性,认为是由于围岩(玄武岩)蚀变过程中亲石元素(Na、K、Sr、Ca 等)易于释放,以及橄榄石、辉石等富 Fe 的岛、链状硅酸盐矿物首先蚀变所致,并提出保山南红具有红料较冰料富亲石元素,而凉山南红没有这一特征,据此可以有效鉴别保山南红和凉山南红。也有学者通过微量化学元素判断石英质玉的成因。鲁力等(2016)根据 T(Fe/Ti)和 Al-Fe-Mn 比值及硅质岩成因判别图解认为荆山玉的源岩属于热水沉积成因硅质岩。此外,差热分析还证明玛瑙的化学成分中含有一定量的吸附水和结构水(郭威和王时麒,2017;张志琦等,2018),典型的火山成因玛瑙中的水含量一般为1%~2%,且含水量及赋存状态与纹带结构密切相关(Flörke et al,1982)。吸附水的存在与脱失对石英质玉的颜色存在一定影响。刘婉(2009,2017)认为部分黄龙玉的褪色属物理变化,与外界环境变化导致的吸附水缓慢溢出有关,结构越疏松,吸附水越容易流失,褪色程度越明显,致密度高的黄龙玉不存在褪色现象。曹俊臣等(1983)认为贵翠100~200℃以下的微弱褪色是由于失去吸附水所致,在贵翠300~400℃以上的褪色由地开石结构的逐渐解体造成。

在结构构造方面,一般认为,显晶质石英质玉中的石英多呈粒状(石英颗粒大于20μm),隐晶质石英质玉中的石英可呈粒状(石英颗粒小于20μm)、纤维状;玛瑙具同心层状、环带状或条带状构造,木变石的纤维状结构使其呈现出猫眼效应,硅化珊瑚常保留有珊瑚的同心放射状特征(GB/T 34098—2017)。不同类型或不同产地的石英质玉可具有各自特征的结构与构造。保山南红玛瑙主要为粒状结构和纤维结构(郭威和王时麒,2017)。大别山玉具微粒—细粒结构(戴慧等,2011),条带状构造则由有颜色条带与无颜色条带或由细粒石英与相对粗颗粒石英组成的条带呈规律性间隔导致(张勇等,2013)。荆山玉具隐晶质结构、隐晶-微晶结构、镶嵌结构及角砾结构,具角砾状构造、块状构造、浸染状构造和脉状构造(鲁力等,2016)。陕西洛南石英质玉中的石英呈不规则他形粒状,粒径一般小于20μm,并具特征的"绿边红心"环带状构造(孙羽等,2017)。新疆金丝玉主要呈致密块状构造和流纹构造,可具有特殊的条纹、织纹构造,俗称"萝卜纹"(田帅等,2014)。石林彩玉呈放射束状-球粒状-粒状变晶结构、粒屑结构、隐晶质-显微粒状变晶结构、生物遗迹结构和浸染状、斑杂状、条带状构造(戴铸明,2017)。巴西紫玛瑙主要有短纤维状、长纤维状、弱纤维状、条带状、扇形状、球粒状以及半自形-他形粒状等结构,以纤维状结构为主(戴雨杉和何雪梅,2017)。密玉主要为花岗变晶结构和微细粒结构,块状构造(潘羽,2017)。祁连东陵石受韧性剪切应力影响呈糜棱状结构,并具流动构造,部分石英呈碎斑状,边部分布细小的细粒化动态重结晶微粒石英,有时形成核幔构造(杨银成等,2007)。佘太翠中的石英主要为细粒-粒状结构,云母具片状变晶结构或鳞片变晶结构(陈全莉等,2013a)。黄龙玉一般为块状构造、条带状构造和角砾状构造(刘学等,2013),显微结构以及类型归属则存在争议。部分学者认为由隐晶质石英组成,属于玉髓的一种(戴铸明,2009;刘婉,2009);部分学者认为黄龙玉中的石英为粒状,未见有细纤维状的玉髓(王时麒等,2015),粒径35~150μm(田隆,2012),为显晶质;还有部分学者认为黄龙玉中的石英颗粒有粗有细,颗粒大小范围有2~10μm、10~30μm、30~100μm,甚至有$n\times100$μm(杨梦楚,2012),可呈隐晶质结构、细晶结构、微粒结构、粗粒结构等(刘学等,2013)。玉髓只是黄龙玉中的一部分(施加辛,2011),显微结构直接影响石英质玉的外观。袁晓玲等(2012)认为,较细粒的石英岩质大别山玉为油脂光泽,较粗粒的则为玻璃光泽。张勇等(2013)认为,霍山玉中矿物颗粒越细,颗粒间结合越紧密,质地越细腻致密,透明度越好,光泽度也越强;矿物颗粒越粗,颗粒间结合越松散,则质地也就松散,透明度差,光泽度也弱。

二、矿物谱学

石英质玉的矿物谱学测试方法包括 X 射线衍射(XRD)、红外光谱(IR)及显微红外吸收光谱(Micro - IR)、显微激光拉曼光谱(Raman)、紫外-可见吸收光谱(UV - Vis)等,这些方法主要用于研究石英质玉中物相的无损鉴定、石英质玉的结晶度指数与结晶度以及石英质玉中水的赋存状态 3 个方面。UV - Vis 主要用于为部分石英质玉的颜色成因提供佐证,将在下节内容中进行介绍。

1. 石英质玉中物相的无损鉴定

大部分学者都采用 XRD、IR、Micro - IR、Raman 对石英质玉中的主要矿物 α-石英及各类次要矿物进行了鉴定和表征。黄龙玉的红外吸收谱带主要位于 1162cm^{-1}、1076cm^{-1}、800cm^{-1}、779cm^{-1}、691cm^{-1}、530cm^{-1} 和 466cm^{-1} 处,分别属于 α-石英的 Si - O - Si 非对称伸缩振动、Si - O - Si 对称伸缩振动、Si - O - Si 弯曲振动(裴景成等,2014)。余太翠的最强拉曼散射峰位于 466cm^{-1} 附近,属石英岩玉中 α-石英典型的 Si - O 弯曲振动(陈全莉等,2013b)。Raman 研究还揭示具隐晶质结构的石英质玉(如马达加斯加红玛瑙、中国云南保山南红玛瑙、中国四川盐源玛瑙、中国台湾蓝玉髓、阿拉善玉、霍山玉等)中除 α-石英外,还普遍或多或少含有一种低温低压 SiO_2 矿物——斜硅石,其以 502cm^{-1} 处拉曼谱峰为特征(陈全莉等,2011;周丹怡等,2015b;郭威和王时麒,2017;李擘和何雪梅,2017;张志琦等,2018)。斜硅石在玛瑙中普遍存在,含量最高可达 85%,并且与纹带结构有一定相关性(Götze et al,1998)。马达加斯加红玛瑙、云南保山和四川凉山南红玛瑙、桂林鸡血玉、广西贺州玉、河南密玉中的致色矿物赤铁矿特征拉曼峰位于 224cm^{-1}、243cm^{-1}、290cm^{-1}、406cm^{-1}、497cm^{-1}、608cm^{-1}、1313cm^{-1} 附近(熊见竹,2015;文长春,2015;周丹怡等,2015;郭威和王时麒,2017;周丹怡等,2017;潘羽,2017;张志琦等,2018)。张勇等(2012)采用显微红外光谱仪和拉曼光谱仪针对石英质玉石中呈树枝状分布的"水草花"进行研究,认为其物质组成含软锰矿和针铁矿,前者具 651cm^{-1}、307cm^{-1} 处特征拉曼谱峰,后者具 1327cm^{-1}、683cm^{-1}、461cm^{-1}、399cm^{-1}、298cm^{-1} 处特征拉曼谱峰和 3215cm^{-1}、1654cm^{-1}、1032cm^{-1}、898cm^{-1}、797cm^{-1} 处特征红外吸收谱带。同步辐射光源具有束斑小、强度高、准直性好的优势,近年来在石英质玉中次要矿物(尤其是致色矿物)的物相鉴定中也得到了一定的应用。Gliozzo 等(2011)结合同步辐射 X 射线衍射测试和图谱 Rietveld 精修,在 Fe 含量低于常规检测下限的情况下,获得了意大利 Vigna Barberini 地区红玉髓和红碧玉中的致色矿物——赤铁矿和针铁矿的种类及含量。张勇等(2016a)采用同步辐射硬 X 射线的 μ-XRD 技术对黄色和红色隐晶质-微粒石英质玉中的致色矿物进行了研究,认为红色石英质玉石中的赤铁矿具 $d=0.367\,74$nm、$d=0.270\,91$nm 和 $d=0.252\,00$nm 特征衍射峰,黄色石英质玉石中的针铁矿具有 $d=0.495\,74$nm、$d=0.415\,94$nm、$d=0.268\,87$nm、$d=0.257\,05$nm、$d=0.251\,89$nm、$d=0.245\,10$nm、$d=0.218\,06$nm 和 $d=0.171\,33$nm 特征衍射峰。

2. 石英质玉的结晶度与结晶度指数

目前,对石英质玉结晶度的定性分析主要利用红外吸收光谱,对结晶指数的定量计算则主要借助 X 射线衍射技术。石英质玉的红外反射光谱研究表明,显晶质石英岩的红外反射光谱在 801cm^{-1} 和 778cm^{-1} 处分裂明显,随着结晶度降低,隐晶质玉髓呈弱分裂或仅呈一个肩峰,同时 542cm^{-1} 峰强度减弱。因此,红外反射光谱中 801cm^{-1} 和 778cm^{-1} 双峰的分裂程度可以作为区分显晶质石英岩和隐晶质玉髓(玛瑙)的重要指标之一(戴慧等,2011;罗跃平和王春生,2015)。结晶度指数(CI)反映的是石英内部结构的完整性,不同产状的石英矿物具有不同的结晶度指数值。在近地表条件下 SiO_2 过饱和溶液快速沉淀形成的石英结晶度指数最低,生物沉积成因(硅藻、硅质放射虫及硅质生物体)的燧石和硅化木中石英的结晶度指数较低,熔浆和伟晶、高温热液结晶石英的结晶度指数较高;变质作用和重结晶作用能提高石英的结晶度,石英形成后期经历的构造应力变形作用会使石英内部结构发生畸变,从而降低结晶度;石英的结晶度随着矿床形成深度的增加而增大;交代作用形成的石英比充填结晶作用形成的石英结晶度低得多(Murata and Norman,1976;何明跃和王濮,1994)。具有理想完整结构的石英结晶度指数为 10,因此在进行分析时一般采用人工合成的石英晶体作为标样。石英结晶度的 XRD 分析计算方法有 3 种,分别为:①XRD 衍射谱高角度衍射峰($2\bar{3}54$)法;②$67°\sim69°$ 五指衍射峰法;③($11\bar{2}0$)、($20\bar{2}0$)、($11\bar{2}2$)、($21\bar{3}1$)、($11\bar{2}3$)、($10\bar{1}4$)、($30\bar{3}2$)和($22\bar{4}0$)多衍射峰法。实际研究中大部分学者采用的是 $67°\sim69°$ 衍射峰法,主要成果包括南京雨花石结晶度指数一般为 $2.5\sim4.9$,系二氧化硅物质在低温条件下快速冷凝形成(鲍莹等,2008);广西贺州荔枝冻的结晶度指数为 $5\sim6$,高于普通玛瑙而低于粗粒石英岩(周丹怡等,2015a);四川凉山南红玛瑙中石英的结晶度指数为

8.2,介于巨晶石英和玛瑙及细粒石英之间(熊见竹,2015)。Nishida(1986)采用第二种和第三种方法对不同类型的石英进行测试,结果表明硅化木、玛瑙、细粒石英、粗粒石英和人工石英晶体的67°~69°衍射峰图形由单个宽峰逐渐变为完整的五指峰,($10\bar{1}4$)、($30\bar{3}2$)和($22\bar{4}0$)衍射峰图形由弥散变为敏锐,5种石英的结晶度指数依次增大。周丹怡等(2015b)结合XRD和Raman研究提出一种判断石英质玉结晶程度的无损检测方法,认为石英质玉中斜硅石的相对含量越高,石英质玉的结晶程度越低,拉曼光谱中指示斜硅石相对含量变化的$502cm^{-1}/465cm^{-1}$两峰强度比值(X)与石英质玉的结晶度指数(Y)的负相关关系大致符合线性方程$Y=-0.36X+6.93(r=-0.94)$。

3. 石英质玉中水的赋存状态

在石英质玉中,分子水和结构水往往以不同比例共存,通过中红外光谱可以对其进行有效区分。其中,$3240\sim3430cm^{-1}$处宽缓谱峰主要反映分子水振动,$3585\sim3590cm^{-1}$附近尖锐吸收峰则反映结构水振动(French and Worden,2013)。玛瑙中的水含量通常随着结晶度和粒径增加而降低,并且随内部环带结构展现出规律性变化(陶明和徐海军,2016;戴雨杉和何雪梅,2017)。从非晶质SiO_2到玉髓、显晶质石英,水含量依次降低,分子水、结构水相关红外谱峰吸收强度逐渐减弱(French et al,2013;French and Worden,2013)。大别山玉中存在少量自由状态的H_2O分子和结构水OH,在红外光谱中分别出现$3600\sim3000cm^{-1}$范围内的宽缓吸收谱带和$3596cm^{-1}$、$3380cm^{-1}$处的尖锐吸收峰(戴慧等,2011)。巴西紫玛瑙的$3587cm^{-1}$和$3435cm^{-1}$、$1612cm^{-1}$处红外吸收谱带分别归属于Si-OH的O-H伸缩振动和H_2O的伸缩、弯曲振动(戴雨杉和何雪梅,2017)。冰田玉的$3580cm^{-1}$、$3410cm^{-1}$、$3296cm^{-1}$、$3190cm^{-1}$处红外吸收峰为O-H伸缩振动所致(朱红伟等,2014)。也有部分学者利用近红外光谱对石英质玉中的水进行研究。贺州荔枝冻在$5200cm^{-1}$附近以及$4600\sim4300cm^{-1}$范围内具有H_2O合频振动以及Si-OH合频振动谱带(周丹怡等,2015a)。红碧石的H_2O弯曲振动和伸缩振动的合频振动以及Si-OH合频振动多分别位于$5166\sim5200cm^{-1}$范围内以及$4322cm^{-1}$附近,而南红则分别位于$5200cm^{-1}$附近以及$4600\sim4300cm^{-1}$范围内,可作为两者鉴别的特征(喻云峰等,2017)。紫色玉髓的紫外-可见-近红外分光光谱图中$800\sim2200nm$范围内的一组密集、尖锐吸收峰与羟基(-OH)伸缩振动的第一倍频以及晶体孔道中的分子水有关(孟丽娟等,2016)。

三、颜色成因

石英质玉色彩丰富,常见红色、黄色、橙色、绿色、紫色、黑色、白色、无色等。目前,关于不同类型、不同产地石英质玉的颜色成因研究成果极为丰富,主要观点有次要矿物致色和色心致色。东陵石、佘太翠、密玉的绿色由片状、丝状铬绢云母所致,Cr^{3+}使绢云母呈鲜绿色,Fe^{2+}使其呈浅绿色,Fe^{3+}使其呈黄色调(李娅莉,1997;李宝军,2011;陈全莉等,2013a;潘羽,2017)。广西桂林鸡血玉、安徽大别山玉、陕西洛南石英质玉的绿色由绿泥石所致(袁晓玲等,2012;白芳芳等,2016;周丹怡等,2017;孙羽等,2017),阿拉善玉的绿色由绿鳞石所致(冯晓语,2018)。贵翠的绿色主要由地开石中的微量元素Cr、V类质同象替代Al^{3+}引起,并在UV-Vis谱的412nm和571nm处产生宽广的吸收带(曹俊臣等,1983;杨林等,2009)。台湾玉髓的绿色—蓝色主要由微细的含铜矿物硅孔雀石引起,其在UV-Vis谱中具有特征的Cu^{2+}致570~580nm吸收峰(周舟和李立平,2017)。黄龙玉中的黑色泥质伊利石黏土矿物使玉石带青、灰、黑等色调,"金砂"由黄铁矿所致,当黄铁矿细小并沿层理分布时也会使黄龙玉呈现黑色(田隆,2012)。大量研究结果表明,包括金丝玉、黄龙玉、南红玛瑙、盐源玛瑙、阿拉善彩玉、桂林鸡血玉、霍山玉、大别山玉、密玉、红碧石等在内的红色和黄色石英质玉的颜色主要与赋存于石英颗粒间隙的赤铁矿和针铁矿有关(袁晓玲等,2012;张勇等,2013;周丹怡等,2013;杜杉杉等,2014;裴景成等,2014;白芳芳等,2016;郭威和王时麒,2017;李擘和何雪梅,2017;喻云峰等,2017;潘羽,2017;周丹怡等,2017;冯晓语,2018),且赤铁矿的显色能力高于针铁矿(张勇等,2016a)。赤铁矿和针铁矿会使石英质玉的UV-Vis谱中分别出现550~600nm和480nm吸收峰,UV-Vis一阶导数图谱中分别出现555~595nm和535~545nm、435nm特征峰(张勇等,2016b),或在UV-Vis二阶导数图谱中分别出现585nm和654nm、483nm、412nm特征峰(杜杉杉等,2014;白芳芳等,2016;张勇等,2016b)。颜色形成机制分为外源成因和内源成因,前者是通过外来含Fe溶液在玉石中浸润、扩散和沉淀产生,后者则是最初的SiO_2胶体溶液或石英脉中含有的Fe在后期地球化学活动过程中因元素价态及组合方式发生改变而使玉石致色(周丹怡等,2013)。同时,次要矿物的形态、粒径、分布也会对颜色产生影响。铬云母的形态及含量直接影响东陵石的外观,当云母片多且呈自形晶时,颜色均匀且饱和度高;若呈丝状分布,则颜色呈丝状且具有明显的定向性(李娅莉,1997)。桂林鸡血玉中的点尘状赤铁矿使其呈红色,鳞片状赤铁矿则使其呈黑色(文长春,2015;白芳芳等,2016;周丹怡等,2017)。当针铁矿粒径大小为 0.3~1.0μm 时,颜色为黄色,当为 0.05~0.8μm 时,颜色为深黄色;当赤铁矿粒径小于 0.1μm 时,颜色为橙色,当为 0.1~1.0μm 时,颜色为红色;当针铁矿和/或赤铁矿以非常密集的方式结合在一起时,整体为黑色或深褐色(Cornell and Schwertmann,2003)。四川凉山南红玛瑙中的赤铁矿分布密集、均匀时,颜色较浓,饱和度高;赤铁矿分布稀疏、不均匀时,颜色较淡,饱和度低(熊见竹,2015)。山西大同玉髓以及桂林鸡血玉的紫色一般被认为与 Fe^{3+} 进入硅氧四面体中形成的 $[FeO_4]^{4-}$ 空穴色心有关,并在 UV-Vis 谱中产生 540~550nm 附近的宽吸收(白芳芳等,2016;孟丽娟等,2016)。此外,石英质玉中的火玛瑙呈现的五颜六色晕彩属于物理结构致色,系玛瑙微细层理之间含有的薄层液体或红色板状赤铁矿等矿物包体在光的照射下发生干涉和衍射所致。

四、矿床成因

在矿床成因方面,学者们主要结合矿床地质特征和岩石矿物学特征对石英质玉的成矿类型和成矿过程进行阐述或推测。一般认为,石英质玉矿床成因类型多种多样,矿床产地分布广泛,如云南龙陵黄龙玉原生矿呈脉状、透镜状、囊状和不规则状,产于花岗岩体顶部裂隙中或板岩与花岗岩的接触带上,系花岗岩岩浆侵入、冷凝晚期分异的富二氧化硅热液沿断裂或节理裂隙多阶段、多世代地灌入、充填、沉淀、凝结而成,属花岗岩低温热液成因的石英脉(葛宝荣,2007;姚雪,2007;刘婉,2009;刘学等,2013),形成温度约为 200℃(王时麒和张雪梅,2015);河流中的次生矿则因滚动磨蚀以及铁质浸染从而演绎出各种皮色(张金富和王世勋,2007;田隆,2012)。金丝玉的原生矿床是由火山热液沿地层裂隙充填冷凝形成,经风化剥蚀和流水搬运,在新疆克拉玛依地区古河床中形成仔料(田帅等,2014;何辰,2017)。大别山玉的原生矿呈脉状、细脉状,赋存于燕山晚期酸性岩浆岩顶部或北大别变质杂岩裂隙中,是一种近地表热液成因的石英质岩石;风化作用形成的大别山玉碎屑经地表水流搬运,从而形成广泛分布于矿区周边河流中的仔料(戴慧等,2011)。安徽霍山石英岩玉产于大别岩群英云闪长质片麻岩和燕山期二长花岗岩接触带附近的脆性断裂构造中,主要呈脉状、透镜状和扁豆状。这里成矿受脆性断裂构造和岩浆岩控制,前人的研究成果表明,成矿过程大致可分为两个阶段:①早期岩浆热液充填—交代形成中低温热液矿床,温度300~500℃;②后期氧化淋滤使石英脉被浸染呈黄—红色或在微裂隙内形成水草花(沈华等,2016,2017)。湖南通天玉原生矿主要产于燕山期花岗岩体裂隙中,成矿受地层、岩浆活动和断裂构造制约,为岩浆期后热液交代型矿床(李伟良和王谦,2015;徐质彬等,2018)。产于贵州晴隆大厂的贵翠,成因是玄武砾岩中的组分在构造和地下水长期作用下随溶液转入下伏地层,在大地构造运动和地热增温作用下形成以硅质(少部分铝质)和盐为主的含矿热水溶液,沿构造裂隙辗转运移、充填、结晶而成,属典型的层控—沉积改造矿床(曹俊臣等,1983)。绿色的密玉是由石英砂岩在低级变质作用下重结晶,后经中低温热液蚀变,铬绢云母交代石英岩而形成(潘羽,2017)。对于荆山玉,成因系硅质岩在强烈断裂构造活动作用下形成的角砾,经硅质岩碎屑、硅质碎粒和铁质等胶结物胶结填隙形成,后期的多期次构造活动和热液活动作用产生富硅变质热液的渗透交代使荆山玉发生重结晶,质地趋向细腻润泽(鲁力等,2016)。云南保山南红玛瑙的成矿作用可分为3个阶段:①硅质热液在火山活动晚期充填于杏仁状玄武岩气孔或裂隙中经(快速)冷却形成玛瑙原生矿;②地质运动造成的地壳隆升使含玛瑙玄武岩遭受风化、剥蚀、流水搬运及河湖相沉积,形成沉积砾岩型含玛瑙砾石层;③近现代地质作用使含玛瑙砾石层再次受到风化、剥蚀,经流水搬运至现代河流或湖泊中形成次生玛瑙砂矿(刘德民等,2018)。

在玛瑙的形成机理方面,一种观点认为玛瑙是从热液流体直接沉淀形成,另一种观点认为玛瑙是由早期非晶质硅胶沉淀物通过自组织的方式在成岩过程中逐渐结晶生长而成(陶明和徐海军,2016)。此外,在隐晶质石英质玉的成矿温度方面,Fallick等(1985)通过氢、氧同位素研究推测产自苏格兰火山岩中的玛瑙形成温度在50℃左右;Götze等(2009)通过氧同位素研究推测美国蒙大拿州Dryhead地区沉积岩中的玛瑙形成温度低于120℃;Götze等(2001b)系统研究了全球18个产地的玛瑙氧同位素特征,围岩种类包括酸性、中性和基性火山岩,年龄范围从前寒武纪到第四纪,指出玛瑙的形成温度为50~250℃。在成矿物质来源方面,Götze等(2001a)认为火山岩中产出的玛瑙与围岩具有相似的稀土元素分布特征,表明玛瑙的成矿物质主要来自于火山围岩。Fallick等(1985)的氢、氧同位素研究数据则进一步揭示玛瑙的成矿过程很可能受火山活动后期低温热液和大气降水的综合影响。

第三节 塔玉的发现

2010年,在新疆塔县大同乡一带发现塔玉,这是继云南龙陵"黄龙玉"、新疆克拉玛依"金丝玉"、广西桂林"鸡血玉"、内蒙古巴彦淖尔"佘太翠"、北京西山"京白玉"等品种之后,中国西部发现的另一处大型石英岩玉矿。同济大学宝石及工艺材料实验室、同济大学宝玉石文化研究中心,以及上海宝石及材料工艺工程技术研究中心的专家、教师及研究生们于2018年6月和2019年8月赴新疆塔玉矿进行野外勘查。《中国宝石》杂志于2019年2月和2019年10月分别以《探寻新疆塔县石英质玉》和《重返塔县》为题对此玉矿进行了报道,同济大学宝玉石文化研究中心于2019年3月组织召开了新疆塔玉矿产资源开发利用学术研讨会。专家们一致认为,新疆塔玉颜色多样、质地纯净、结构细腻致密、储量丰富,具有良好的工艺性能与开发前景。目前,新疆塔玉主要被加工制作为手镯、珠串、挂件、摆件、器皿件等玉器工艺品,得到市场的初步认可和消费者的普遍肯定。

然而,新疆塔玉自发现至今虽然已有数年,但进入玉石市场的时间较短,对于消费者而言仍相对较新,因此亟待市场的认知和认同。同时,相较于其他石英岩玉品种,塔玉矿区地处位置偏远、交通不便,地质揭露程度低,可供参考资料少,相应的宝石学、岩石矿物学研究仍属空白。既缺乏与其他产地石英质玉的对比研究,也缺乏相对完善的品种划分和质量评价方案。这些因素都极大地限制了新疆塔玉的开发和利用。新疆维吾尔自治区地处中国西部,蕴藏着丰富的宝玉石矿产资源;塔县地处帕米尔高原西部,与巴基斯坦、阿富汗、塔吉克斯坦三国接壤,也是古丝绸之路的咽喉要冲;大同乡,塔吉克语意为"峡谷",位于塔县深处,远离城市,却拥有最自然的景色和纯天然的民俗,拥有悠久的玉文化历史,自古就有"宝玉石之乡"的美誉,不但盛产东陵玉,而且还盛产一级、二级青玉,青白玉,糖玉和少量白玉,总储量5000t以上(张新荃,2013)。历史上大同乡出产的和田玉(如麦兰古德玉矿、皮勒玉矿)长期供皇家使用,曾在中国玉文化史上扮演重要角色,但由于种种原因使得它被历史遗忘。因此,针对新疆塔玉开展宝石学、岩石矿物学、矿物谱学研究,厘清其玉石学属性,并在此基础上提出新疆塔玉的品种划分、质量评价方案以及产品开发、产业发展建议,能够为塔玉的合理开发和利用提供理论依据和参考,从而推动当地的经济、社会、旅游、文化和矿业等可持续发展,同时为进一步弘扬中国传统玉文化做出新贡献。

上篇
宝石学与岩石矿物学

第二章 地质概况

第一节 自然地理及地质普查概况

一、自然地理

塔玉矿床位于新疆塔县大同乡西南方向约 15km 处,距塔县县城约 165km,距喀什市区约 430km。矿区中心地理坐标:东经 75°59′12″,北纬 37°36′23″,海拔高度约 3122m。塔县外与巴基斯坦、阿富汗、塔吉克斯坦三国接壤,边境线长 888.5km;内与叶城、莎车及克孜勒苏柯尔克孜自治州的阿克陶县相毗邻。喀什市区与塔县由中巴友谊公路(G314 国道线,又称喀喇昆仑公路)相连(图 2-1~图 2-2)。早期,塔县与大同乡由沙石公路相连,近年来

图 2-1 G314 中巴友谊公路、慕士塔格峰与白沙湖

第二章 地质概况

图 2-2 慕士塔格峰与喀拉库勒湖

当地为改善村民出行条件,加大投入,积极推进基础设施建设。修筑的塔县县城至大同乡柏油路基本已延伸至塔玉矿区,交通尚属便利(图 2-3、图 2-4)。

矿区位于帕米尔高原东部,喜马拉雅山、天山、昆仑山、喀喇昆仑山和兴都库什山五大山脉在此处会合,形成"世界屋脊"。中巴公路沿途屹立着世界第二高峰——乔戈里峰(海拔 8611m)、"冰山之父"——慕士塔格峰(海拔 7546m)以及 100 多座超过 7000m 的高峰。总体地势西高东低、南高北低,山脉走势呈北北西—北西向的弧状弯曲,海拔高度一般为 2000~6000m,平均在 4500m 左右。塔县和大同乡位于河谷,地势较为平坦,海拔为 3000~4000m,两侧群山环抱,峻岭连绵,冰峰耸立,沟壑纵横,丘陵起伏,地形切割强烈。区内水系属高山区内陆水系,水量以河水为主,辅以山洪、泉水,主要河流有叶尔羌河及其支流塔什库尔干河等,水系总体呈树枝状,最终汇入塔里木盆地。河流补给主要以高山冰川和积雪融化为主,辅以深层地下水补给。

矿区属大陆性寒温带干旱季风气候,特点是干燥寒冷,温差大(昼夜温差大于 15℃)、少雨,年平均气温约 3.3℃,极端最高气温 32.0℃,极端最低气温

图 2-3 塔县至大同乡途中的柏油马路
(a)2018 年 6 月摄;(b)2019 年 8 月摄

-39.1℃。光照较充足,年平均日照时数 2831h,无霜期 79d。年平均降水量 68.3mm,年平均蒸发量 2309.5mm。由于植被覆盖率较低,山体大多裸露。

第二章 地质概况

图 2-4 大同乡至塔玉矿区途中的沙石小路

矿区土壤属南疆极干旱荒漠土，植被属荒漠带。土壤和植被垂直分布比较明显。一般海拔在 4800m 以上植被稀少，海拔 4000～4800m 植被矮小，属草本植物，生长期很短；海拔 3000～4000m 发育草本及木本植物，以草本为主；海拔 3000m 以下植被稀疏，发育木本及草本植物，木本植物生长较好，主要分布于居民地附近水源充足的河道两侧(图 2-5)。

矿区人口稀少且分布极不均匀，多聚集于县城以及公路沿线。居民民族以塔吉克族为主，另有少量维吾尔族、柯尔克孜族、汉族、哈萨克族等民族。区内属半农半牧区，主要农作物有小麦、玉米、豌豆、青稞；水果有杏子、苹果、桃子等；牲畜有牦牛、山羊、绵羊、黄牛、马、驴、骆驼等；野生动物有雪豹、北山羊、盘羊、岩羊、棕熊、金雕、雪鸡等(图 2-6、图 2-7)；野生药用植物有雪莲、党参、紫草、沙棘、当归、青兰等(图 2-8、图 2-9)。温泉资源比较丰富，如洋布拉克泉、塔合曼泉、马尔洋泉、达布达尔泉等。塔县有吉日尕勒文化遗址、玄奘取经东归遗址、公主堡、石头城等古迹名胜(图 2-10、图 2-11)。大同乡四季分明，素有"小江南""世外桃源——杏花村"的美誉(图 2-12～图 2-16)。

图2-5 帕米尔金草滩

图2-6 帕米尔高原上的雪豹(依明江摄)

第二章 地质概况

图2-7 帕米尔高原上的马可波罗盘羊(依明江摄)

图2-8 帕米尔草原上的沙棘(常利萍摄)

图 2-9 帕米尔高原上的当归（依明江摄）

图 2-10 塔县吉日尕勒文化遗址

第二章 地质概况

图2-11 玄奘取经东归遗址

图2-12 大同杏花(依明江摄)

新疆塔玉 XINJIANG TAYU

图 2-13 大同杏花(依明江摄)

图 2-14 大同杏花(依明江摄)

第二章 地质概况

图 2-15 塔吉克族姑娘（依明江摄）

图 2-16 塔吉克族的骑马叼羊习俗（依明江摄）

二、地质普查概况

研究区的地质勘查工作始于20世纪初期,中华人民共和国成立之前成果较少。中华人民共和国成立之后,为适应我国经济建设对矿产资源的需求,区内的综合地质研究和区域地质调查工作迅速展开。20世纪60—90年代主要进行1:100万区域地质调查,21世纪以来主要进行1:25万区域地质调查(表2-1)。

在综合地质研究方面,1985年,地质矿产部新疆地质矿产局第二区域地质调查大队完成了《1:50万新疆南疆西部地质图、矿产图及说明书》的编制工作;1986年,地质矿产部新疆地质矿产局第一区域地质调查大队完成了《新疆维吾尔自治区大地构造图(1:200万)及说明书》和《新疆维吾尔自治区变质图(1:200万)及说明书》的编制工作;1993年和1999年,新疆维吾尔自治区地质矿产勘查开发局分别完成了《新疆维吾尔自治区区域地质志》和《新疆维吾尔自治区岩石地层》的编写工作。这些工作全面、系统地总结了新疆境内的地层、岩石、构造、矿产等诸多方面,对本区找矿工作的开展具有较强的指导意义。

在区域地质调查方面,1958年,地质部新疆地质局第十三大队完成了《棋盘幅(J-43-XXIII)西昆仑托赫塔卡鲁姆山脉北坡1:20万地质测量与普查工作报告》《昆仑山西北坡(J-43-XXIX,J-43-XXIII)1:20万地质测量与普查工作报告》《西昆仑山北坡1:20万地质测量与普查工作报告》;1967年,地质部新疆地质局区域地质测量大队完成了《西昆仑地区木吉—塔什库尔干一带1:100万路线地质、矿产调查报告》;1984年,地质矿产部新疆地质矿产局第一石油大队完成了《西昆仑山叶尔羌河上游地区1:100万区域地质调查报告》;1994年和2000年,新疆维吾尔自治区地质矿产勘查开发局第二区域地质调查大队和新疆维吾尔自治区地质调查院第二地质调查所相继完成《奥依塔克幅》(J-43-43-B)、《班迪尔幅》(J43E014015)、《下拉夫得幅》(J43E015015)1:5万区域地质调查;2004年和2005年,河南省地质调查院分别完成《克克吐鲁克幅》(J43C003002)、《塔什库尔干塔吉克自治县幅》(J43C003003)、《艾提开尔丁萨依幅》(J43G002002)、《英吉沙县幅》(J43C002003)1:25万区域地质调查;1994年和2000年,新疆维吾尔自治区地质矿产勘查开发局第二区域地质调查大队和中国国土资源航空物探遥感中心分别完成《西昆仑西部1:50万区域化探》和《青藏高原中西部1∶100万航磁概查》，获得了系统的区域地球化学资料和区域地球物理资料。

表2-1 研究区域以往勘查成果一览表

年份	主要勘查单位	勘查成果
区域地质调查		
1958年	地质部新疆地质局第十三大队	《棋盘幅(J-43-XXIII)西昆仑托赫塔卡鲁姆山脉北坡1∶20万地质测量与普查工作报告》《昆仑山西北坡(J-43-XXIX、J-43-XXIII)1∶20万地质测量与普查工作报告》《西昆仑山北坡1∶20万地质测量与普查工作报告》
1967年	地质部新疆地质局区域地质测量大队	《西昆仑地区木吉—塔什库尔干一带1∶100万路线地质、矿产调查报告》
1984年	地质矿产部新疆地矿局第一石油大队	《西昆仑山叶尔羌河上游地区1∶100万区域地质调查报告》
1994年	地质矿产部新疆地矿局第二区域地质调查大队	《西昆仑西部1∶50万区域化探》
1994年	地质矿产部新疆地矿局第二区域地质调查大队	《奥依塔克幅》(J-43-43-B)1∶5万区域地质调查
2000年	新疆维吾尔自治区地质矿产勘查开发局	《班迪尔幅》(J43E014015)、《下拉夫得幅》(J43E015015)1∶5万区域地质调查
2000年	中国国土资源航空物探遥感中心	《青藏高原中西部1∶100万航磁概查》
2004年	河南省地质调查院	《克克吐鲁克幅》(J43C003002)、《塔什库尔干塔吉克自治县幅》(J43C003003)1∶25万区域地质调查
2005年	河南省地质调查院	《艾提开尔丁萨依幅》(J43G002002)、《英吉沙县幅》(J43C002003)1∶25万区域地质调查
综合研究及编图		
1985年	地质矿产部新疆地矿局第二区域地质调查大队	《1∶50万新疆南疆西部地质图、矿产图及说明书》
1986年	地质矿产部新疆地矿局第一区域地质调查大队	《新疆维吾尔自治区大地构造图(1∶200万)及说明书》《新疆维吾尔自治区变质图(1∶200万)及说明书》
1993年	地质矿产部新疆地矿局	《新疆维吾尔自治区区域地质志》
1999年	新疆维吾尔自治区地质矿产勘查开发局	《新疆维吾尔自治区岩石地层》

第二节 区域地层

《克克吐鲁克幅》(J43C003002)、《塔什库尔干塔吉克自治县幅》(J43C003003)1:25万区域地质调查报告将塔里木—南疆西南隅地层划分为3个单元,自北东向西南依次为塔里木地层区、秦祁昆地层区和羌北—昌都—思茅地层区(王世炎和彭松民,2014)。研究区位于秦-祁-昆地层区的西昆仑地层分区,北东与塔里木地层区(塔南地层分区)以柯岗(科汗)断裂带为界,南西与羌北—昌都—思茅地层区(喀喇昆仑地层分区)以康西瓦-瓦恰断裂带为界。研究区主要出露中元古界的变质基底、下古生界奥陶系—志留系的碎屑岩、碳酸盐岩建造夹中基性火山岩、上古生界上石炭系的复理石—磨拉石建造、中生界下白垩系的碎屑岩、碳酸盐岩互层,新生界仅发育第四系的山间磨拉石建造及山麓相—洪冲积相松散堆积等(表2-2、图2-17、图2-18)。

表2-2 研究区(西昆仑地层分区)地层序列表(据王世炎和彭松民,2014年修编)

界	系	统	岩群	代号	厚度	岩性描述
新生界	第四系	全新统		Qh	>5m	冲洪积松散砾、砂、粉砂及淤泥等
		更新统		Qp	>5m	冲洪积、残坡积砾、砂、粉砂、黏土层及冰碛物、冰水沉积物等
中生界	白垩系	下统	下拉夫底群	K_1X	546m	黄灰色薄层状长石砂岩、黄褐色石英粉砂岩、含粉砂泥晶灰岩、粉砂质泥(页)岩,偶夹石膏层,底部为砾岩。产 *Eqrisstites* sp., *Telestei*及 *Langaevipollis* sp.
古生界	石炭系	上统		C_2	1591m	下部为灰色粉砂质泥岩、黄灰色长石砂岩、灰色石英砂岩、灰黑色含炭硅质岩、黄灰色硅质团块灰岩、深灰色含粉砂泥晶灰岩,产 *Sphaericavar gigas*, *Schwagerica* sp., *Triticites* sp.等;上部为灰绿色英安岩夹英安质角砾熔岩,顶部为灰黑色英安岩
	奥陶系—志留系			O—S	>485m	主要为浅灰色、灰黑色变石英粉砂岩、板岩、结晶灰岩、变砂岩,夹少量火山岩。产 *Stropheodontidae*及 *Cyclocyclicnsv* sp.等
元古宇			库浪那古岩群	Pt_2K	>4872m	下部以各种结晶片岩(黑云石英片岩、斜长角闪片岩、二云片岩、二云石英片岩、红柱石片岩等)及石英岩为主,其次为片麻岩,大理岩夹少量变火山岩;上部岩段主要为大理岩,少量片麻岩、片岩

一、中元古界

古元古界仅出露于塔南(赫罗斯坦岩群)、喀喇昆仑(布伦阔勒岩群)地层

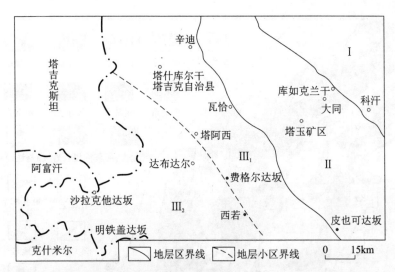

图2-17 研究区及邻区地层区划示意图(据王世炎和彭松民,2014年修编)

Ⅰ.塔里木地层区(塔南地层分区);Ⅱ.秦祁昆地层区(西昆仑地层分区);Ⅲ.羌北—昌都—思茅地层区(喀喇昆仑地层分区);Ⅲ$_1$.塔什库尔干小区;Ⅲ$_2$.明铁盖小区

分区。研究区所在的西昆仑地层分区仅出露中元古界库浪那古岩群($Pt_2K.$),为一套中—深变质岩系(高绿片岩相—低角闪岩相),主体发育于柯岗断裂与大同西岩体之间,呈北西向长带状展布,在大同西岩体南部及其内部呈不规则状出露,与周围地层呈断层接触或被岩体吞噬。库浪那古岩群包括两套岩性组合,下部以白云母片岩、黑云石英片岩、二云片岩、二云石英片岩、斜长角闪片岩等各类结晶片岩以及石英岩为主,其次为大理岩、片麻岩类,夹少量变火山岩层;上部以发育滑石、透闪石蚀变的大理岩为主。原岩为一套碎屑岩-碳酸盐岩夹基性火山岩建造,属浅海相沉积伴弱的火山喷发沉积。库浪那古岩群变质程度明显低于古元古界赫罗斯坦岩群(高角闪岩相),在构造变形上前者具固态流变特征而后者则为流体状态下的柔流(王世炎和彭松民,2014;谭克彬等,2016)。王世炎和彭松民(2014)综合两套变质岩系的变质程度和侵入赫罗斯坦岩群的阿卡孜岩体同位素年龄(2261 ± 95.5)Ma(锆石 U-Pb)、1408Ma(Rb-Sr全岩等时线)、1508Ma(K-Ar)以及侵入库浪那古岩群的新—藏公路128km岩体同位素年龄 U-Pb(Zr)495Ma、K-Ar(Hb)527.6Ma及大同西岩体同位素年龄 U-Pb(Zr) 480.43 ± 5Ma,将库浪那古岩群的时代标定为中元古代。

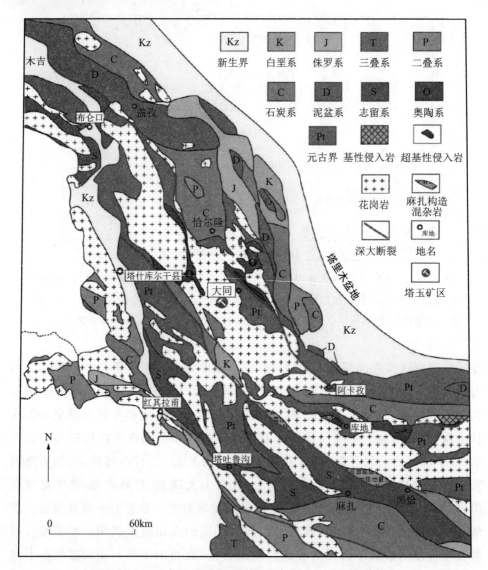

图2-18 研究区域地质略图(据李智泉,2018年修编)

二、下古生界

研究区下古生界仅出露奥陶系—志留系(O—S)未分的一套低绿片岩相区域变质岩系。总体沿科什老克—司热洪—阿特巴希达坂一带呈不规则形态展布,在被提克古尔、阳给达坂等地也零星出露,与大同西岩体、布伦阔勒岩群呈断层接触,并被慕士塔格、安大力塔克、大同西等多个岩体侵入,与岩体接触位置叠加明显的接触变质作用。

该套岩系为粉砂质板岩、泥质板岩、硅质板岩、结晶灰岩、变砂岩及少量变火山岩夹层，原岩为粉砂岩、砂岩、杂砂岩、泥岩、灰岩、安山岩等，属浅海环境下的碎屑岩－碳酸盐岩沉积建造并伴有基性火山岩喷发。含扭月贝类 *Stropheodonitidae*（地质矿产部新疆地质矿产局第二区域地质调查大队，1985）、海百合茎（河南省地质调查院，2004）等化石。该套岩系褶皱构造发育，韧性剪切特征突出，具有强烈的流变特征，区内已发现一个重要的具层控矿化特点的铅-锌-铜成矿带。

三、上古生界

研究区上古生界仅发育上石炭系（C_2）未分的一套熔岩－碎屑岩岩系，主要分布于塔县沙阿依克拉、卡特巴特然达坂、巴什克可、喀拉木莫、舌拉列尔西等地，在干得曲西曼－哈布斯喀来一带仅零星出露。与周围地层、岩体大多为断层接触，仅部分与下伏奥陶系－志留系及上覆下拉夫底群呈角度不整合接触。

该套岩系下部为碎屑岩，岩石组合多样，含蜓 *Pseudoschwagerina sphaerica* var. *gigas*, *Schwagerina* sp., *Triticites* sp. 等化石（地质矿产部新疆地质矿产局第二区域地质调查大队，1985）。下部为薄层状砂岩、泥岩，中部为泥岩、硅质岩，上部为灰岩、泥岩，由下至上总体变细变薄，反映了由盆地边缘相逐渐过渡为中心相的同时浊流动能降低、海水趋于稳定的沉积环境。上部主要为溢流状火山熔岩，包括浅灰绿色－灰绿色英安岩夹英安质角砾熔岩和灰黑色英安岩。碎屑岩和熔岩偶见整合接触。

四、中生界

研究区中生界仅发育下白垩统下拉夫底群（K_1X）的一套高位湖泊沉积的碎屑岩、碳酸盐岩偶夹石膏层建造，主要分布于亚希洛夫达坂和热布特卡巴克－哈布斯喀来－班迪尔北一带。与周围岩体和地层呈断层接触，或呈角度不整合覆盖于布伦阔勒岩群和未分上石炭统之上。

下拉夫底群主要岩石组合包括灰色厚层状粗－中砾岩、黄灰色薄层状细粒长石砂岩、黄褐色薄层状钙质石英粉砂岩、黄灰色薄层状含粉砂泥晶灰岩及灰色中层泥晶灰岩、浅灰色粉砂质泥岩、粉砂质页岩，偶夹石膏层。含植物

Equisstites sp.(河南省地质调查院,2004)、骨鱼类 *Telestei* 和孢粉 *Langaevipollis* sp.等化石(地质矿产部新疆地质矿产局第二区域地质调查大队,1985)。

五、新生界

研究区及邻区新生界地层为第四系中更新统、上更新统和全新统松散堆积物,主要分布于塔什库尔干河中上游、瓦恰河、卡拉秋库尔苏河等河流及其沟谷两侧,成因类型包括冲积、洪积、冲洪积、冰积、湖沼滩积及风积等。塔县马尔洋乡马尔洋达坂附近海拔在4100~4400m左右分布有中更新统冰碛层,由带棱角的砾石、泥土和漂砾组成。塔什库尔干河等河流两侧分布有上更新统冲洪积层,松散的砂砾石构成河流Ⅱ级阶地。叶尔羌河、塔什库尔干河等河流河谷中分布有全新统冲积层,形成河床的砂砾石冲积堆积物及河漫滩细砂土堆积,砾石成分随物源而异。

第三节 区域构造

研究区地处青藏高原西北缘。从区域构造分析,青藏高原是欧亚板块与印度板块经过长期的大陆裂解、俯冲增生、弧陆碰撞、陆陆碰撞发展起来的巨型造山带(Matte et al,1996;Mattern et al,2000;Yin et al,2000;Xiao et al,2002)。作为青藏高原的重要组成部分,西昆仑造山带经历了长期的构造演化历史,特别是塔里木以及与之毗邻的大陆块体,都经历了新元古代罗迪尼亚超大陆裂解、早古生代冈瓦那大陆的汇聚、晚古生代冈瓦那大陆的裂解以及盘古大陆的汇聚过程(Zhang et al,2013)。这些大陆块体在特提斯演化进程中,所处的构造位置、移动轨迹以及洋盆的俯冲消减和最后的碰撞造山过程,一直是地质学家们关注的重要科学问题(Tapponnier et al,1986;Sengör,1992)。因此,如何在全球视野下来审视西昆仑的构造演化过程,是国际地学界极为重要的科学问题之一(Dewey et al,1998;Ducea et al,2003;张传林等,2019),也是较好解释新疆塔玉矿床成矿机理的关键所在。

一、构造单元划分

造山带构造单元划分是区域成矿背景研究的必不可少的前提。对西昆仑造山带的构造单元划分,许多学者已进行过较为深入的研究,其中影响较大的如潘裕生(1990,1994)、姜春发等(1992,2000)、丁道贵等(1996)、肖文交等(2000)。综合这些研究成果可以看出,对西昆仑东段的构造单元划分基本认识是一致的,分别是北昆仑地体、南昆仑地体、甜水海地体和喀喇昆仑地体。但到了西段,无论是国外地质学家的三分方案还是直接将东段的划分向西延伸,都存在很大的不确定性(蔡士赐,1999)。究其原因,一方面人们对西段的地质资料掌握太少,另一方面由于帕米尔构造结大规模的逆冲推覆及走滑导致了早期构造部分或完全被改造(Blayney et al,2016;Rutte et al,2017)。基于对昆仑造山带物质组成和结构的研究,并充分考虑了前人的划分方案以及近年来国际地学界对特提斯的研究进展(Zhu et al,2011;Zhang et al,2012;Kroner et al,2016;Zhang,2017),将西昆仑造山带划分为北昆仑地体(NKT)、南昆仑-塔什库尔干地体(SKT-TSKRG)、麻扎尔-甜水海地体(MZR-TSH)及喀喇昆仑地体(KAT)(图2-19)。

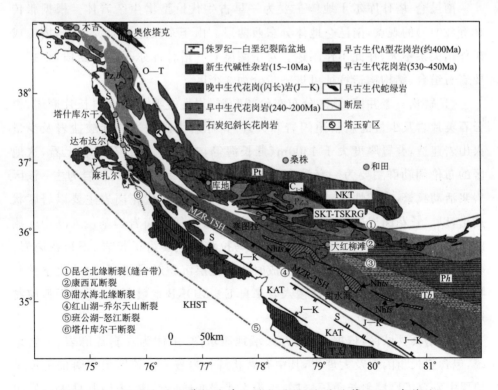

图2-19 西昆仑造山带构造单元划分图(据张传林等,2019年修编)

二、主要构造单元特征

1. 北昆仑地体

由于北昆仑地体属于塔里木地块(或板块)的一部分。现有资料已经证实,塔里木具有古老的前寒武纪的结晶基底,已获得了330Ma的年龄。中元古代开始形成稳定的地台盖层型的沉积,一直持续到古生代晚期。中新生代它成为一个巨型的内陆盆地,可见到两侧山系向盆地内逆冲的现象,表明新生代以来这里也是处于挤压状态下。塔里木盆地现已是我国重要的油气资源地(许志琴等,2011)。由于塔里木盆地覆盖着巨大的塔克拉玛干沙漠,特殊的沙漠地貌和景观,形成了许多具有西域特色的旅游地质景观。

2. 南昆仑-塔什库尔干地体

南昆仑-塔什库尔干地体主要为一早古生代巨型增生杂岩体。根据张传林等(2019)的观点,南昆仑地体分东西两段。由于东段远离研究区,与塔玉成矿作用关系不大,在此不作阐述。对于南昆仑-塔什库尔干地体西段,根据主要岩石组合、结构构造特征可进一步分为3个区。

(1)赞坎-老并区:该区分布布伦阔勒群,岩性主要为黑云斜长片麻岩、黑云石英片岩及少量的斜长角闪岩和大理岩,原岩为碎屑岩夹碳酸盐岩及少量火山岩建造,叠置厚度大于1300m(燕长海等,2012)。从岩石组合上看,这地区的布伦阔勒群主要为一套深变质的火山-沉积岩系,并以沉积岩为主。该区岩浆活动频繁,中酸性、基性侵入岩均有产出。早古生代花岗岩主要以岩席状产出,以二长花岗岩岩体和花岗闪长岩为主,中生代花岗岩岩基侵入其中。燕山期岩体主要为似斑状细粒花岗岩,喜马拉雅期主要为正长岩、正长花岗岩。基性侵入岩主要以岩席状产出,形成时代与地层沉积时代相当,地球化学及矿物学研究,表明这些席状基性侵入岩来自E-MORB地幔源区,形成于弧前盆地(Zhang et al,2018)。

(2)塔县县城区:依据1:5万区域地质填图,主体为一套片麻岩、片岩系统,包含斜长角闪岩及大理岩,其中有席状辉长岩侵入。该区最显著的特征是地层中发育了厚层斜长角闪岩层,应为玄武岩变质所形成,表明基性火山岩明显增加。岩层被两期岩浆岩侵入,分别是早古生代花岗岩、辉长岩岩席及中生代的小岩株。另依据1:5万区域地质调查,在该段发育少量超镁铁质岩,主要为蛇纹岩,原岩可能为橄榄岩,是否为蛇绿岩的组成部分尚不清楚。

(3)孜洛依区:主要岩石组合由变质双峰式火山岩、大理岩、片麻岩及片岩组成。该区还出现了含刚玉的片麻岩。该区发育磁铁矿层,矿层呈顺地层产出,顶板为一套变粒岩,在变粒岩之上为一套斜长角闪岩夹少量的大理岩。磁铁矿呈多层出现,均产于火山岩和碎屑岩之间,表明磁铁矿的形成与火山热液密切相关。依据1:5万区域地质填图的资料,该区发育了两期岩浆岩,分别为早古生代和中生代。早古生代花岗岩主要为花岗闪长岩和二长花岗岩等;中生代花岗岩呈岩株状产出,主要为黑云母二长花岗岩。

3. 麻扎尔-甜水海地体

麻扎尔-甜水海地体主要由麻扎尔杂岩和甜水海岩群两个次级单元构成。

(1)麻扎尔杂岩:麻扎尔杂岩最早由计文化等(2011)在1:5万区域地质填图中识别出来,获得其中的变质火山岩锆石U-Pb年龄为(2481±14)Ma。张传林等(2019)通过研究认为,麻扎尔杂岩在岩石组合上,包括二云母石英长石片(麻)岩、变粒岩及斜长角闪岩互层以及少量的黑云石英片岩。该套地层被新元古代奥长花岗岩和花岗闪长岩及寒武纪辉绿岩、辉长岩侵入。麻扎尔杂岩是迄今为止在西昆仑确定唯一的早前寒武纪岩石组合。

(2)甜水海岩群:由地质矿产部新疆地质矿产局第一区域地质调查大队四分队张志德等在1984年创名于新疆和田县甜水海东。原始定义主要为一套滨-浅海相浅变质碎屑岩夹灰岩、大理岩夹硅质岩、灰岩等。按岩性可分为:上部为变质钙质砂岩、千枚岩、灰岩、硅质灰岩、大理岩。中部为变质长石石英砂岩,部分地段夹钙质粉砂岩,二者为不均匀互层;下部为变质砂岩夹少量石英岩,未见底,区域上岩性比较稳定,横向上各地沉积厚度有变化。上部被奥陶纪冬瓜山组不整合覆盖。局部可见到甜水海群逆冲推覆到志留纪温泉沟组之上。最早的文献将该套地层厘定为中元古界长城系,但缺乏化石及同位素年代学的证据。最新的研究成果可将甜水海群的时代严格限定在 740~530Ma 之间(张传林等,2019),显然属于南华纪。

三、构造演化过程

综合前人的研究成果,我们认为研究区的构造演化大致可分成下列几个阶段。

1. 原特提斯洋演化阶段

研究表明,沿秦岭—祁连—昆仑分布的新元古代晚期—早古生代早期的洋盆是由罗迪尼亚超大陆裂解的过程中形成的,即为在众多文献中所谓的原特提斯洋(Metcalfe,2013;李三忠等,2016)。依据帕米尔、东昆仑、秦岭等地区的研究成果分析,原特提斯洋的消减开始于530Ma左右,并于440~430Ma关闭,形成了数千千米的早古生代造山带(Yang et al,1996;Zhang et al,2016)。这一过程导致了塔里木、扬子、印支、华夏等最终拼合到东冈瓦那北缘。

依据这一构造背景分析,结合西昆仑东段的区域地质、岩浆岩、变质事件等特征的综合分析,南昆仑—塔什库尔干地体实质上是一套增生杂岩。以麻扎尔—甜水海地体内最早的辉长岩—花岗岩及布伦阔勒群底部席状辉长岩为依据,推测原特提斯洋的洋内俯冲导致了南昆仑地体北缘的具有洋内弧特征的塔西达坂群玄武安山岩的形成(郭坤一等,2002)。由于原特提斯洋的俯冲,在甜水海地体的北缘开始形成岛弧系统,包含了岛弧侵入岩和火山—沉积岩系统。以此后的俯冲活动峰期,形成了成熟岛弧的增生杂岩及相关的岛弧辉长岩、岛弧花岗闪长岩和花岗岩。从470Ma到440Ma,即从成熟岛弧到碰撞造山前的转换时期,在这时期里形成了包含赛图拉群最晚期的岛弧双峰式火山岩以及相关的席状侵入的花岗闪长岩和花岗岩岩墙。在这一时期,岛弧的成熟度进一步增加(周辉等,1998)。北昆仑地体与甜水海地体的碰撞发生在445~440Ma期间(周辉等,1998;王志洪等,2000),导致了该地区赛图拉群的角闪岩相—麻粒岩相的变质作用。此后,造山的伸展开始于430Ma左右,到400Ma时,以出现A型花岗岩为标志,代表了原特提斯洋演化的终结(张传林等,2019)。

2. 古特提斯洋演化阶段

研究表明,冈瓦那大陆形成后,古特提斯洋的打开可能是受到古亚洲洋的俯冲导致的弧后扩张所引起。在西昆仑北缘,沿昆盖山北坡及塔里木南部分布的石炭纪火山岩,具有典型的裂谷火山岩地球化学特征。塔里木以及东亚地区其他陆块从东冈瓦那大陆北缘裂解出来,形成了冈瓦那与东亚陆块群之间的古特提斯洋。

在整个西昆仑地区,从400~240Ma期间,侵入岩不发育,而火山岩仅仅局限于北昆仑一带,代表了古特提斯洋的打开。沿北昆仑分布的石炭纪裂谷并没有发育出新的洋壳,因此属于夭折的裂谷盆地。古特提斯洋的俯冲消减可能开始于240Ma左右(张传林等,2005),沿乔尔天山—红山湖一线分布的古特提斯洋开始向北俯冲,在甜水海地体及南昆仑地体的南侧,形成了一套岛弧岩浆岩,时代为240~210Ma。古特提斯洋的关闭时间可能稍早于200~180Ma,导致了沿康西瓦一带的高绿片岩相的变质作用并形成了沿康西瓦分布的一套中生代的增生杂岩。综合上述分析,康西瓦断裂并不是一个区域性的构造边界,事实上康西瓦断裂活动主要受大阿尔金断裂的制约,而西段可能稍晚。200~180Ma的角闪岩相及高压麻粒岩相的变质作用表明南、中帕米尔碰撞的时间发生在200~180Ma之间。在这一过程中,被埋藏的原特提斯洋也最终关闭,形成了统一的侏罗纪—白垩纪磨拉石盖层沉积。

3. 中新特提斯洋演化阶段

沿西昆仑造山带发育的白垩纪岩浆岩,主要以花岗闪长岩—花岗岩为主(张传林等,2019),对该构造带的岩浆岩定年结果表明,这些具有Ⅰ型花岗岩地球化学特征的侵入岩结晶年龄集中在110~100Ma之间。而分布在瓦汗走廊一带的侏罗纪—白垩纪火山岩,主要岩石类型包括玄武岩、安山岩及流纹岩,有少量的晶屑凝灰岩。这表明在中新特提斯阶段,特提斯洋双向俯冲导致了沿麻扎尔—甜水海及喀喇昆仑地体内分布的大规模的白垩纪岩浆岩。这一时期,由于古亚洲洋已经完全闭合,塔里木已经属于欧亚板块的一部分。因此,沿班公湖—怒江一带分布的中新特提斯洋双向俯冲同时也导致了甜水海地体北带类似弧后伸展的构造背景,形成了一系列的中侏罗世—白垩纪的裂陷盆地,但由于古特提斯阶段的造山作用导致甜水海地体的地壳加厚,使这些中生代中晚期的沉积盆地内并不发育火山岩,而是以陆相沉积或浅水碳酸盐台地相沉积为主,这一背景类似我国华南地区部分中生代沉积盆地。

第四节 岩浆活动、变质作用和成矿作用

一、岩浆活动

研究区所在的西昆仑造山带及邻区喀喇昆仑造山带在漫长的地质历史时期中经历了频繁而强烈的构造活动,形成了不同时代、不同性质的岩浆岩。岩浆岩在空间上主要沿柯岗、康西瓦—瓦恰和塔阿西—色克布拉克结合带分布,整体与

区域构造线方向一致。岩浆活动以中酸性、酸性岩浆侵入为主,花岗岩类占侵入岩总量的90%以上,基性—超基性岩零星分布,岩浆喷发活动相对较弱。

1. 基性—超基性侵入岩

柯岗蛇绿岩带:柯岗蛇绿岩出露于塔县大同乡栏杆村,位于柯岗结合带上,两个基性—超基性岩体与相邻的蚀变玄武岩、变杏仁状安山岩共同构成柯岗蛇绿岩带。岩石类型以蚀变橄榄岩、蚀变橄辉岩、蚀变辉长岩、蚀变玄武岩、辉石岩、变杏仁状安山岩为主。柯岗蛇绿岩与北部的奥依塔格蛇绿岩、南部的库地及苏巴什蛇绿岩共同组成青藏高原"第五缝合带"(潘裕生等,1994)。

瓦恰—哈瓦迭尔基性—超基性岩带:位于康西瓦—瓦恰结合带及其东侧,含一个蚀变辉长岩—石英闪长岩体和一个辉石岩—辉长岩体。岩石类型包括蚀变辉长岩、变辉绿岩、辉石岩、辉长岩、英安岩等。

塔什库尔干—乔普卡里莫基性—超基性岩带:零星分布于塔阿西结合带北东侧,呈透镜状、似脉状顺岩石片麻理或裂隙侵位于古元古界布伦阔勒岩群($Pt_1B.$)中,或以包裹体形式产于后期侵位的花岗岩体中。岩石类型包括橄榄岩、斜方辉石橄榄岩、橄榄辉石岩、辉石岩及角闪石岩等。

达布达尔—哈尼沙里地蛇绿岩带:分布于塔阿西—色克布拉克结合带南西侧,沿北西向延伸。橄榄岩—辉橄岩—辉长岩体、橄榄岩—辉石岩体和志留系温泉沟组(S_1w)基性—中基性火山岩共同组成达布达尔—哈尼沙里地蛇绿岩带。岩石类型含橄榄岩、辉长岩、辉石岩、橄辉岩、玄武岩、玄武安山岩、变英安岩等。达布达尔祖母绿矿床的形成可能与达布达尔东的橄榄岩—辉石岩岩体侵入有关。

2. 中酸性侵入岩

从形成时代来看,研究区及邻区的中酸性岩浆侵入活动可以划分为6个旋回,分别为晋宁期、加里东期、海西期、印支期、燕山期和喜马拉雅期。受印度板块"北侵"和新、老特提斯洋"开合"的板块构造运动影响,侵入岩的时空分布具有独特的规律,主要表现为自北而南、从东向西岩体逐渐变新,反映了西昆仑造山带地壳演化历史的特殊性(于晓飞,2010;刘成军,2015)。其中,西昆仑造山带中酸性岩浆岩主要形成于加里东期、海西期和印支早期,喀喇昆仑造山带东部中酸性岩浆岩主要形成于印支晚期、燕山期和喜马拉雅期(图2-20,表2-3)。

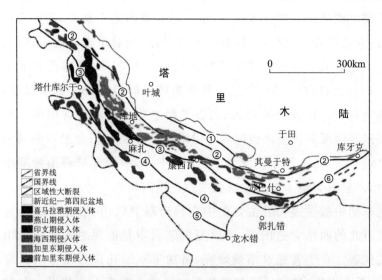

图 2-20 西昆仑花岗岩分布略图（据于晓飞，2010）
①柯岗断裂带；②库地—苏巴什—其曼于特缝合带；③麻扎—康西瓦—木孜塔格缝合带；
④塔阿西—乔尔天山—红山湖缝合带；⑤班公湖—怒江缝合带；⑥苦牙克走滑断裂带

表 2-3 西昆仑造山带中酸性侵入岩分布简表

侵入时代	主要岩石类型	主要分布范围	代表性岩体
喜马拉雅期	透辉正长岩、碱性花岗岩、黑云母二长花岗岩、花岗闪长岩等	帕米尔和喀喇昆仑山一带	瓦恰北东岩体、卡日巴生岩体、苦子干碱性岩体
燕山期	英云闪长岩、石英闪长岩、二长花岗岩等	西昆仑南带；康西瓦断裂带以西；喀喇昆仑断裂带以西、以南	三代达坂岩体、半的北东岩体、红旗拉普岩体
印支期	石英闪长岩、花岗闪长岩、英云闪长岩等	麻扎—康西瓦—苏巴什断裂南北两侧	慕士塔格岩体、半的南东岩体、克迭巴岩体
海西期	二长花岗岩、正长花岗岩等	西昆仑中带；康西瓦断裂以北	塔尔岩体、安大力塔克岩体、阿尕阿孜山岩体
加里东期	闪长岩、英云闪长岩、花岗岩、二长花岗岩等	柯岗断裂带以南；麻扎—康西瓦—苏巴什断裂带以北的西昆仑造山带	乌依塔克岩体、阿瓦勒克岩体、大同西岩体、雀普河岩体
晋宁期	黑云母二长花岗岩、花岗闪长岩、石英闪长二长花岗岩、中粒似斑状花岗岩等	零星出露于西昆仑北带、西昆仑中带的西段，以西昆仑北带康西瓦断裂带以西为主	阿卡孜岩体、托赫塔卡鲁姆岩体、马尔洋达坂岩体

晋宁期中酸性侵入岩分布较少,零星出露于西昆仑北带、西昆仑中带的西段,以西昆仑北带为主,代表岩体有阿卡孜岩体、托赫塔卡鲁姆岩体、马尔洋达坂岩体等。托赫塔卡鲁姆岩体位于柯岗结合带北东侧,岩体西北部不整合于奥陶系玛列兹肯群($O_{1-2}M.$)之下,与桑株塔格群(JxS.)呈断层接触,被加里东期坎地里克石英正长岩体侵入,岩石类型主要为片麻状含中斑石英二长闪长岩。马尔洋达坂岩体呈北西向展布于康西瓦—瓦恰结合带西侧马尔洋达坂一带,岩体侵入古元古代布伦阔勒岩群($Pt_1B.$),中西部被燕山晚期小热斯卡木岩体侵入,岩石类型主要为片麻状细粒花岗闪长岩。

加里东期中酸性侵入岩主要集中在柯岗断裂以南、麻扎—康西瓦—苏巴什构造带以北的西昆仑造山带,该巨型岩浆岩带是西昆仑地区主造山期和造山过程的代表。有学者通过系统研究,将加里东期花岗岩划分为大洋斜长花岗岩、火山弧花岗岩、碰撞后隆起期花岗岩和造山晚期花岗岩共4种构造成因类型,并认为西昆仑山是加里东碰撞造山带(姜耀辉,1999a)。该期形成的岩体主要有乌依塔克岩体、阿瓦勒克岩体、大同西岩体、雀普河岩体等,新疆塔玉成矿作用即与大同西岩体有关。

大同西岩体又称大同岩体(图2-21),前人曾命名为阿特萨拉塔克岩体(地质部新疆地质局第十三大队五分队,1957),位于西昆仑山中段大同乡西侧

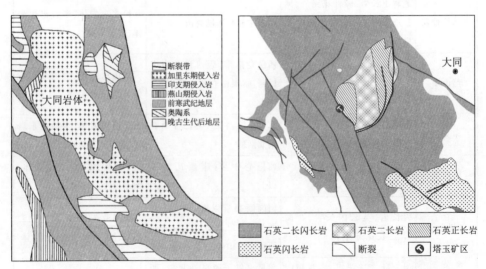

图2-21 西昆仑大同岩体花岗岩缩略图(曹颖,2016年修编)和断裂格架略图
(王世炎和彭松民,2014年修编)

高山地带,西北起于塔什库尔干河北侧,向南东经叶尔羌河至克拉达坂,向东进入叶城县。大同西岩体为一北北西—南南东向展布的岩基,长约90km,宽10～25km,出露面积近2000km²,是西昆仑早古生代岩浆弧的最大岩体之一(方锡廉和汪玉珍,1990;姜耀辉等,1999a,1999b;廖世勇等,2009;高晓峰等,2013;曹颖等,2016)。南部及东部侵入中元古界库浪那古岩群($Pt_2K.$),北部侵入蓟县系桑株塔格群($JxS.$),西部与石炭系、奥陶系—志留系多呈断层接触,局部侵入奥陶系—志留系,被石炭系不整合覆盖,区域上被海西晚期岩体侵入。大同西岩体为一复式岩体,以石英闪长岩和石英二长岩为主,岩石组合类型复杂,为(石英)二长闪长岩—(石英)二长岩—(石英)正长岩—花岗岩。岩体内部发育有二长花岗岩、花岗伟晶岩和细晶岩、石英及闪长钠长岩脉,并发育较多的闪长质微粒包体(姜耀辉等,1999a,1999b;高晓峰等,2013;王世炎和彭松民,2014)。

大量学者针对大同岩体的地质、岩石地球化学特征、同位素年龄和构造背景进行过研究,得到的结论包括大同岩体石英闪长岩形成于(480±43)Ma(方锡廉和汪玉珍,1990),属于钾玄岩系(姜耀辉等,1999b),成于板块碰撞后隆起期,具有火山弧向造山晚期过渡的特征(姜耀辉等,1999a)。大同岩体形成于473～447Ma,是俯冲挤压过程中俯冲沉积物交代地幔楔的产物(Liao et al,2010)。大同西布斯拉津黑云母石英二长岩和花岗细晶岩为钙碱性—碱性岩系,锆石U-Pb同位素测年获得的结晶年龄分别为(446±2.1)Ma和(449±2.39)Ma(于晓飞,2010),辉钼矿中Re-Os同位素测试获得的等时线年龄为(435±25)Ma,表明大同地区成矿作用略晚于成岩作用,成矿事件是在俯冲挤压背景下的间歇拉张作用影响下的强烈岩浆活动和成矿作用的产物(于晓飞,2010)。大同西复式岩体中石英二长岩形成年龄为(470±1.2)Ma,早期形成的石英闪长岩与晚期形成的石英二长岩—二长花岗岩地球化学特征存在差异,指示了西昆仑造山带在早奥陶纪经历了由俯冲向碰撞后伸展的构造体制转换(高晓峰等,2013)。此外,大同岩体内和岩体南侧外围还发现有穿插脉状或独立分布的埃达克质石英二长花岗岩和黑云母二长花岗岩,形成年龄(443.6～462.0Ma)和大同岩体主岩(钾玄质岩石)相当,是由洋壳及部分洋壳之上的陆源沉积物向南俯冲过程中发生部分熔融形成的熔体上升过程中与地幔楔橄榄岩反应,最后定位于地壳浅层的结果(曹颖等,2016)。

此外值得注意的是,大同岩体中发现有两类绿帘石分布:①交代蚀变成因绿帘石,呈绿泥石化绿帘石化假象角闪石,分布于石英闪长岩中或以很宽的绿帘-绿泥石化带分布于岩体边缘(方锡廉和汪玉珍,1990);②岩浆成因绿帘石,在二长闪长岩和(石英)二长岩中主要以副矿物存在,呈自形-半自形,周缘有明显的熔蚀边,褐帘石核和成分环带发育,该类绿帘石的熔蚀速率计算结果表明大同岩体是拉张环境下岩浆快速上升侵位(速率不小于900m/a)的产物,进而认为西昆仑地区早古生代早期存在一期俯冲挤压背景下的间歇拉张作用(廖世勇等,2009)。大同岩体中绿帘石的存在从侧面解释了塔玉中常见绿帘石的原因。

  海西期中酸性侵入岩主要分布于西昆仑中带康西瓦断裂北侧,岩体规模较小,多呈长条状,代表岩体有塔尔岩体、安大力塔克岩体、阿尕阿孜山岩体等。安大力塔克岩体位于看因力达坂、康达尔达坂、阳给达坂一带,沿北西-南东方向呈刀型分布,岩体中部和边部分别为中斑中粒二长花岗岩和小斑中粒二长花岗岩。塔尔岩体呈北西向分布于阿克陶县塔尔-色日克布隆一带,岩体侵入蓟县系桑株塔格群(JxS.)、奥陶系玛列兹肯群($O_{1-2}M.$)、石炭系以及中元古代阿克乔克英云闪长岩中,岩石类型较为复杂,含中粒黑云母二长花岗岩、斑状黑云二长花岗岩、黑云正长花岗岩和斑状中粒正长花岗岩等。

  印支期和燕山期是继加里东期之后西昆仑地区侵入岩的第二个主发育期。印支期中酸性侵入岩主要沿麻扎-康西瓦-苏巴什断裂带南北两侧分布,代表性岩体包括慕士塔格岩体、半的南东岩体、克克迭巴岩体等。慕士塔格岩体为一北北西向延伸的岩基,侵入奥陶系-志留系(O—S)和布伦阔勒岩群($Pt_1B.$),岩石类型以二长花岗岩为主,含少量花岗闪长岩和石英闪长岩。半的南东岩体呈北西向长条状,与奥陶系-志留系(O—S)和布伦阔勒岩群($Pt_1B.$)呈断层接触,南东侧为第四纪地层覆盖,岩石类型主要为细粒石英闪长岩。

  燕山期中酸性侵入岩主要分布于麻扎-康西瓦-苏巴什断裂带以南和喀喇昆仑断裂以西、以南地区,代表性岩体包括三代达坂岩体、半的北东岩体、红旗拉普岩体等。三代达坂岩体呈北西向不规则椭圆形,侵入加里东期大同西岩体和海西期苏特开什岩体,内部残留上石炭系地层。半的北东岩体呈北西向半椭圆形,侵入奥陶系-志留系(O—S)地层,南西侧与布伦阔勒岩群($Pt_1B.$)呈断层接触。三代达坂岩体和半的北东岩体岩石类型均以细粒二长花岗岩为主。

喜马拉雅期中酸性侵入岩主要分布帕米尔和喀喇昆仑山一带,代表性岩体包括瓦恰北东岩体、卡英代－卡日巴生岩体等。瓦恰北东岩体位于康西瓦－瓦恰结合带东侧,侵入奥陶系—志留系(O—S)及上石炭统(C_2),南侧被第四系地层覆盖,岩石类型以中粒石英闪长岩和细粒黑云二长花岗岩为主。卡英代－卡日巴生岩体位于塔什库尔干辛滚沟以北,为一北西向不规则岩基,侵入布伦阔勒岩群($Pt_1B.$)、上二叠统及辛滚沟岩体,并被苦子干碱性岩体截切,东侧为第四系覆盖,岩石类型以中斑中粒二长花岗岩、细粒黑云二长花岗岩为主。

3. 火山岩

研究区的火山活动主要发生在元古宙、古生代和中生代。元古宙火山岩分布较零星,主要出露于喀喇昆仑地层区布伦阔勒岩群($Pt_1B.$)和塔里木地层区博查特塔格组($Jxbc$)中,且布伦阔勒火山岩普遍经历了强烈的高角闪岩相区域变质作用改造。博查特塔格组火山岩出露于坎他里克北部,为一套海相基性火山岩夹陆相中—基性火山碎屑岩及熔岩,岩石类型包括玄武岩、安山岩、安山质角砾熔岩等。

古生代火山岩包括喀喇昆仑地层区下志留统温泉沟组(S_1w)和中二叠世(P_2)火山岩、西昆仑地层区奥陶纪—志留纪未分和晚石炭世火山岩以及柯岗蛇绿岩带中的火山岩。温泉沟组火山岩主要位于罗布盖子河下游,岩石类型主要为英安岩和安山岩。奥陶纪—志留纪未分火山岩仅呈薄的蚀变安山岩、英安岩夹层出露。晚石炭世火山岩沿康西瓦—瓦恰结合带呈带状、透镜状出露,岩石类型包括玄武岩、安山岩、英安岩及安山质凝灰岩等。中二叠世火山岩呈北西-南东向分布于阿克希腊克达坂—恰迪尔塔什沟—琼塔什迭尔一带。岩石类型包括安山质晶屑凝灰岩、玄武安山岩等,呈夹层状出露于二叠系灰岩、泥板岩和变砂岩中。

中生代火山岩主要出露于喀喇昆仑地层区侏罗系龙山组($J_{1-2}l$)中,呈北西西-南东东向展布于塔县卡拉奇古西明铁盖河两岸。岩石类型包括英安岩、流纹岩、安山岩等熔岩类;英安质角砾熔岩、英安质晶屑凝灰熔岩等火山碎屑岩类。

二、变质作用

研究区位于西昆仑变质地区,根据变质时期、变质岩石特征、变质作用类型、地理分布特点,《克克吐鲁克幅》(J43C003002)、《塔什库尔干塔吉克自治县

新疆塔玉 XINJIANG TAYU

幅》(J43C003003)1∶25万区域地质调查报告将该地区划分为库浪那古河变质岩带和给盖提变质岩带(图2-22,表2-4)。

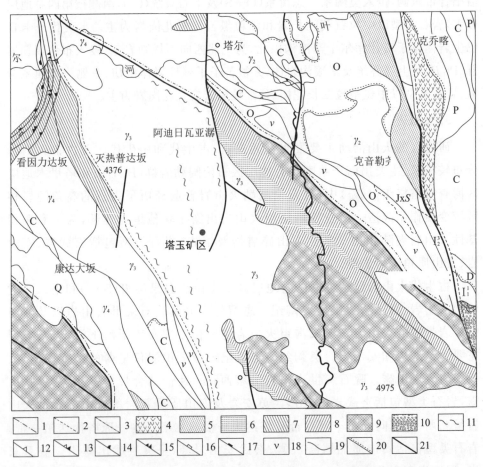

图2-22 研究区及邻区变质岩分布图(据王世炎和彭松民,2014)

Q.第四系;K.白垩系;J.侏罗系;T.三叠系;P.二叠系;C.石炭系;S.志留系;O.奥陶系;S_1w.温泉沟组;$Jxbc$.博查特塔格一组;JxS.桑株塔格群;PtK.库浪那古群;Pt_1B.布伦阔勒群;Pt_1H.赫罗斯坦杂岩;$γ_6$.喜马拉雅期侵入岩;$γ_5^2$.燕山期侵入岩;$γ_5^1$.印支期侵入岩;$γ_4$.海西期侵入岩;$γ_3$.加里东期侵入岩;$γ_2$.前加里东期侵入岩;1.变质地区界线;2.变质地带界线;3.变质岩带界线;4.绿泥石;5.绢云母带;6.黑云母带;7.石榴子石带;8.红柱石带;9.夕线石带;10.斜长石-普通角闪带;11.韧性动力变质带;12.接触变质黑云母带;13.接触变质黑云母-红柱石带;14.接触变质红柱石带;15.接触变质红柱石-堇青石带;16.接触变质钙铁榴石带;17.接触变质夕线石带;18.超基性岩;19.地质界线;20.不整合界线;21.断层

第二章 地质概况

表 2-4 研究区及邻区变质岩带特征

变质岩带	岩石类型	主要变质矿物	变质相
库浪那古河变质岩带(Pt_2)	片岩、片麻岩、长英质粒岩、角闪质岩、大理岩	石英、斜长石、黑云母、普通角闪石、方解石、透辉石、红柱石、石榴子石、阳起石、透闪石、钾长石	高绿片岩相、低角闪岩相、高角闪岩相
给盖提变质岩带(O—S)	板岩、结晶灰岩、变砂岩、变火山岩	石英、绢云母、方解石	低绿片岩相

库浪那古河变质岩带沿大同—库浪那古河一带呈不规则带状展布,变质地层为中元古界库浪那古岩群($Pt_2K.$)。变质岩石类型包括片岩、片麻岩、长英质粒岩、角闪质岩、大理岩等。常见石英、斜长石、黑云母、普通角闪石、方解石、透辉石、红柱石、石榴子石、阳起石、透闪石、钾长石等变质矿物。库浪那古岩群变质岩石的变质相分为高绿片岩相、低角闪岩相和高角闪岩相,属典型的低压高温变质岩系,分别以泥砂质变质岩中出现铁铝榴石(铁铝榴石带)、泥质变质岩中出现红柱石和铁铝榴石(红柱石带)以及变泥质岩中出现钾长石(夕线石带)为特征。递增变质带的出现表明库浪那古河变质岩带的主变质作用为动力热流变质作用。

给盖提变质岩带位于司热洪—看因力达坂—给盖提一带,变质地层为下古生界奥陶系—志留系未分。主体为一套区域变质作用下的低绿片岩相低级变质岩系,并在此基础上叠加了慕士塔格、大同西、安大力塔克等多个岩体侵入造成的接触变质作用。主变质期内形成的岩石类型包括板岩、结晶灰岩、变砂岩、变火山岩等,变质矿物以泥砂质岩石中出现绢云母为特征。

三、成矿作用

按照全国成矿单元划分方案,我国的成矿单元分为五级,即成矿域、成矿省、成矿区带、矿带或成矿亚区带、矿田。研究区主体位于秦祁昆成矿域昆仑成矿省(Ⅵ)西昆仑北部(地块及裂谷带)Fe-Cu-Pb-Zn-Mo-硫铁矿-水晶-白云母-玉石-石棉矿带(Ⅵ-4)中昆仑(中央地块)Fe-Cu-Pb-Zn-Mo水晶-白云母-玉石-石棉矿带(Ⅵ-4-②)(图2-23)。

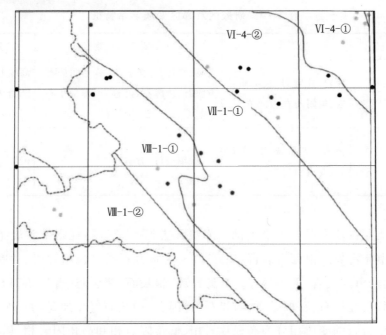

图 2-23 研究区及邻区成矿区划图(据冯昌荣,2013年修编)

Ⅵ-4-①北昆仑(昆盖山)Fe-Cu-Au-硫铁矿矿带;Ⅵ-4-②中昆仑 Fe-Cu-Pb-Zn-Mo-水晶-白云母-石棉矿带;Ⅶ-1-①慕士塔格-阿克赛钦(陆缘盆地)Fe-Cu-Au-Pb-Zn-RM-白云母-宝玉石矿带;Ⅷ-1-①林济塘(陆缘盆地)Fe-Cu-Au-RM-石膏矿带;Ⅷ-1-②乔戈里(陆缘盆地)Cu-Au 矿带

在很长时间内,区内矿产主要以和田玉闻名于世。2000 年以前,该研究区在区域上的矿产勘查主要在山前及部分交通便利地区开发,发现了大量小型有色金属矿床和矿点,但无实质性突破。近 20 年以来,随着 1∶20 万区域地质填图的全覆盖以及不同比例尺的区域化探扫面和遥感资料的应用,在本区域上的找矿工作取得了突破性进展,找矿勘查工作初步证明区内矿产资源丰富,含铁、金、银、铜、铅、锌、钴、钼、钨、铬铁矿等金属矿产和红柱石、方钠石、磷、硫、蛇纹岩、石棉、石膏、滑石、宝石、玉石、水晶、云母等非金属矿产以及煤等燃料矿产。其中铁、金、铅、铜、宝石、水晶、蛇纹岩等主要为内生矿产,可形成于晋宁期、加里东期、海西期、印支期、燕山期和喜马拉雅期,且早期形成的矿产矿化叠加次数较多,矿化强度较高,矿体规模较大。磷、沉积型铁、煤以及砾石型玉石和砂金等为外生矿产,分别产于蓟县纪、奥陶纪、侏罗纪以及第四纪现代河床中。铁矿、玉石矿和红柱石矿等为变质矿产,主要形成于元古宙和燕山期。此外,塔县提孜拉普乡和县城西北一带的活动断裂带及其次级断裂处分别有矿泉水和多处温泉发育。

值得指出的是,塔县所在的帕米尔高原地区自古就是一个著名的宝玉石产地,大同更是享有"宝玉石之乡"的美誉。截至2012年,塔县已勘探出水晶、绿柱石(祖母绿和海蓝宝石)、刚玉、彩色电气石(碧玺)、天河石、石榴子石、红柱石、方钠石、冰洲石、萤石、重晶石、天青石、白云母、沸石、蛇纹石、和田玉、石英岩、滑石、石膏等20多种宝玉石资源(表2-5,图2-24~图2-28)。

表2-5 研究区及邻区主要宝玉石矿产资源分布

(据杨振福等,2008;王世炎和彭松民,2014年修编)

矿产地名称	行政隶属	矿床规模	成因类型	成矿时代
巴尔大隆水晶矿	阿克陶县恰尔隆乡	大型	伟晶岩	印支期
西利比林水晶矿	塔什库尔干县瓦恰乡	矿点	热液	海西期
皮勒水晶矿	塔什库尔干县马尔洋乡	小型	热液	海西期
达布达尔祖母绿矿	塔什库尔干县达布达尔乡	矿点	热液	加里东期
卡湖刚玉矿	塔什库尔干县卡湖乡	矿点	区域变质	
沓坎扎克沟方钠石矿	塔什库尔干县达布达尔乡	矿点	岩浆	海西期
琼塔什阔勒红柱石矿	塔什库尔干县城关镇	矿点	接触变质	燕山期
托库孜和田玉矿	莎车县达木斯乡	矿点	次生	第四纪
桑拉荷和田玉矿	塔什库尔干县马尔洋乡	矿点	热液	中元古代
热尔哈诺和田玉矿	塔什库尔干县马尔洋乡	矿点	热液	中元古代
大同和田玉矿	塔什库尔干县大同乡	矿点	热液	中元古代—古生代
兰干石英岩玉矿	塔什库尔干县大同乡	矿点	沉积变质	中元古代—古生代
柯岗蛇纹岩矿	塔什库尔干县大同乡	大型	岩浆蚀变	海西期
柯岗阿格奇河滑石矿	塔什库尔干县大同乡	小型	热液	海西期
萨热克塔什石膏矿	塔什库尔干县达布达尔乡	矿点	沉积	新生代

新疆塔县达布达尔祖母绿矿(图2-24)发现于2000年初,是继云南麻粟坡后我国境内发现的第二个祖母绿矿床所开采的祖母绿矿,颜色翠绿,略带浅

新疆塔玉 **XINJIANG TAYU**

图 2-24 塔县达布达尔乡祖母绿矿

蓝,环带发育,半透明—透明,净度良好,品级较高。晶体直径一般为 0.2～3cm,长 0.5～8cm,最大者可达 3cm×3cm×10cm,能够作为名贵宝石资源进行开发利用,具有极大的经济价值和重要的地质意义(罗卫东等,2006;汪立今等,2009;汪立今等,2011;禹秀艳等,2011a,2011b)。达布达尔祖母绿主要呈脉状或巢状产于下志留系温泉沟组(S_1w)的一套含碳泥质板岩、泥质板岩、灰色条带大理岩地层中,黑色辉石岩呈小岩株状侵入地层。祖母绿矿化发生于主岩体西缘的次闪石化蚀变带中,蚀变带中见多条北东向展布的含祖母绿石英脉、方解石石英脉和方解石脉。

新疆塔县大同乡和田玉矿(图 2-26)以青玉和白玉为主,产于中元古界库

图 2-25 塔县大同乡和田玉矿

图 2-26 大同乡叶尔羌河流域中产出的和田玉仔料

新疆塔玉 XINJIANG TAYU

浪那古岩群($Pt_2K.$)的一套蛇纹石、硅灰石及透闪石化大理岩中,矿区内有9个和田玉矿体,单矿体长为1.4～18m,厚为0.25～0.5m。大同和田玉矿自明代开始开采,是叶尔羌河上游最主要的原生矿床之一。叶尔羌河长970km,源于克什米尔北部喀喇昆仑山脉的喀喇昆仑山口,上游呈深切的峡谷,穿过昆仑山系的山区,与和田河、阿克苏河汇合后注入滔滔的塔里木河。中国古代历史上,除和田外,新疆叶尔羌地区(现新疆维吾尔自治区莎车、叶城、喀什等县域)也是一个著名的产玉之地(图2-27)。明代科学家宋应星在《天工开物》中写道:"凡玉入中国,贵者尽出于田、葱岭"。清代《西域闻见录》中说叶尔羌河所产之玉"大者如盘如斗,小者如拳如栗,有重三四百斤者,各色不同,如雪之白,翠之青,腊之黄,丹之赤,墨之黑者,皆上品,一种羊脂朱斑,一种碧如波斯菜而金色透露者,尤难得"。叶尔羌河及两岸阶地、古河道中均有仔料产出,在捞玉历史上甚至比和田更为久远。据悉,2003年当地采玉人在塔县境内采到了一块重约3.7t的巨大青玉。

图2-27 塔县马尔洋乡产出的和田玉黑青料

新疆塔县马尔洋乡皮里村地理位置极为偏僻,平均海拔为3500～4000m,但以产出和田玉中的独特品种——黑青玉(图2-28)而著名,市场俗称"塔青"。玉矿产于中元古界库浪那古岩群（$Pt_2K.$）的蚀变大理岩中，矿体长约25m，宽约1m。优质"塔青"色黑如墨、质地细腻坚韧、油性上佳，素有"黑羊脂"之美誉。

图 2-28　帕米尔高原产出的水晶(a)和方柱石(b)

第五节　矿床地质特征及成因

一、矿床地质特征

新疆塔玉矿以原生矿为主，次生矿暂未发现。区内存在两条矿脉，东西各一条（图 2-29）。塔玉矿体主要呈脉状产于侵入中元古界库浪那古岩群（$Pt_2K.$）的加里东中期大同岩体之石英二长闪长岩与石英闪长岩接触带附近的脆性断裂构造中，矿体呈北西向延展，明显受区内北西向断裂控制，产状65°∠50°，沿走向出露长度约 50m，矿脉宽度窄处约 1m，宽处约 10 余米（图 2-30）。矿脉节理发育，矿石颜色以白色、灰白色、青绿色和黄色、黄褐色为主，透明到半透明，块状，质地细腻均匀，节理面常见黄色、黄褐色、褐黄色、褐黑色铁质或锰质浸染，局部可见褐黑色树枝状锰质"水草花"分布（图 2-31～图 2-34）。

新疆塔玉 XINJIANG TAYU

图 2-29 矿区全貌及东西两条塔玉矿脉

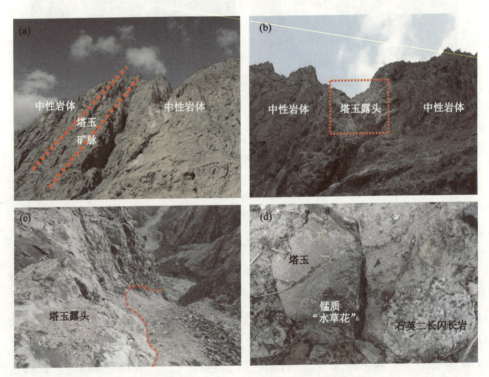

图 2-30 勘查塔玉矿脉

(a)赋存于中性岩体脆性断裂构造中的塔玉矿脉;(b)远看塔玉矿脉露头;(c)近看塔玉矿脉露头;(d)赋存于石英二长闪长岩中的褐色塔玉,表面黑色锰质"水草花"发育

第二章 地质概况

图2-31 塔玉矿脉节理发育,表面及节理面见黄褐—红褐—褐黑色铁、锰质浸染(a～e),局部发育褐黑色锰质"水草花"

新疆塔玉 XINJIANG TAYU

图 2-32　白色塔玉

图 2-33　青绿色塔玉

二、矿床成因

新疆塔玉矿区地处西昆仑造山带北缘，区内构造复杂、岩浆活动强烈。在奥陶纪（距今480～440Ma），花岗质岩浆侵位于中元古界库浪那古岩群（Pt_2K）地层中，经岩浆分异形成大同岩体之石英二长闪长岩与石英闪长岩，成为塔玉的赋矿围岩。其后，在构造应力作用下，大同岩体中出现近北西向、北东向脆性断裂网格，其中包括

图 2-34　白色、青绿色和黄色塔玉

石英二长闪长岩与石英闪长岩接触位置的构造薄弱部位。该处的断裂为塔玉成矿提供了良好的空间条件,同时控制了塔玉矿体的分布。岩浆活动晚期分异的富二氧化硅热液沿断裂充填、冷凝、结晶,形成塔玉矿脉。由于大同岩体中含有绿帘石,因此在富二氧化硅热液与岩体的接触部位可以形成大量含绿帘石的青绿色塔玉品种("塔翠")。其后,区内又经历了多期构造运动的叠加改造,一方面将塔玉矿体抬升至地表或近地表,另一方面使先期形成的塔玉矿体内出现大量节理裂隙。在地表水(或矿体抬升至地表—近地表之前的岩层裂隙水)浸润、淋滤的氧化作用条件下,水体中赋存的铁离子和锰离子不断沿节理、裂隙以及向石英颗粒间浸染、渗透、沉淀,逐渐在塔玉表面—近表面形成一层黄色、黄褐色、褐黑色风化皮,浸染达到一定深度时便形成了黄色塔玉品种("塔黄"),同时节理面、微裂隙面中的锰氧化物沉淀形成"水草花"。因此,新疆塔玉属于叠加了次生风化作用的岩浆热液充填型矿床,它的形成是岩浆活动、热液充填、地表水溶液淋滤、风化作用等多种地质过程协同作用的结果,强烈的构造运动、岩浆活动和发育的断裂构造为新疆塔玉的形成提供了有利的成矿地质条件。

第三章 宝石矿物学

第一节 宝石学特征

在全面的野外地质调查基础之上,从塔县大同乡塔玉矿区采集新疆塔玉样品100余块(图3-1)。从中选取典型样品16块(TQ-01～TQ-16)开展室内分析测试研究,其中包括白色、青绿色、黄色、灰褐色、红褐色、褐黑色等常见

图3-1 部分新疆塔玉原料

续图 3-1 部分新疆塔玉原料

新疆塔玉 XINJIANG TAYU

颜色品种。除样品 TQ-15 和 TQ-16 外，其余均切割抛磨为不同大小的长方体（图 3-2），并进行颜色、光泽、透明度、质地、断口、内部特征的肉眼或宝石显微镜下观察以及折射率、密度、硬度和发光性测试。

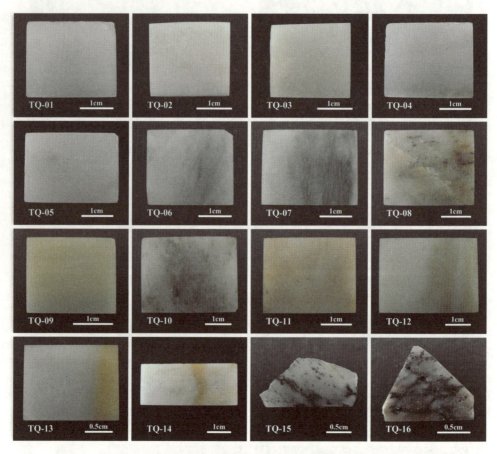

图 3-2　新疆塔玉分析测试样品

一、手标本观察

新疆塔玉样品的手标本观察结果如表 3-1 所示。

1. 颜色

颜色对于玉石的质量评价而言极为重要。中国古代对于玉石的颜色非常重视，它不仅是质量的重要标志，而且富含一定的意识形态或文化内涵，玉石颜色五色观就是证明。新疆塔玉样品颜色较为丰富,常见白色、青绿色、黄色,局部见灰褐色、黄褐色、褐红色、褐黑色、黑色等,颜色纯度相对较高。除白色和黄色样品外,其余样品颜色通常分布不均,同一样品的白色基体上常出现同色系但深浅不同甚至不同色系的颜色。部分样品无明显主色调,存在白-黄、白-绿、白-褐、白-红-黑等两种或三种色调,界限清晰或呈渐变过渡。另有部分样品发育大量次生裂隙,裂隙处颜色明显区别于样品主体(如样品 TQ-08),推测系由裂隙中大量充填的次生铁质矿物等引起。

表3-1 新疆塔玉样品的手标本观察结果

样品号	颜色	光泽	透明度	质地	断口	内部特征
TQ-01	白	玻璃-弱油脂光泽	微透明	细腻	参差状	内部洁净
TQ-02	白	玻璃光泽	不透明	较细腻	参差状	微裂隙中见少量浅绿色杂质矿物
TQ-03	黄白	玻璃-弱油脂光泽	微透明	较细腻	参差状	少量白色点状杂质矿物
TQ-04	灰白	玻璃光泽	半透明	较细腻	参差状	局部见少量浅绿色杂质矿物
TQ-05	白	玻璃光泽	微透明	细腻	参差状	局部见少量浅绿色杂质矿物
TQ-06	白—绿	玻璃光泽	微透明	细腻	参差状	青绿色丝脉状杂质矿物定向排列
TQ-07	白—绿	玻璃光泽	不透明	较细腻	参差状	黄绿色丝脉状杂质矿物定向排列
TQ-08	黄—褐—白	玻璃光泽	不透明	较细腻	参差状	弱定向褐色点状、脉状杂质矿物
TQ-09	淡黄	玻璃-弱油脂光泽	半透明	细腻	参差状	内部洁净
TQ-10	灰白—灰褐	玻璃光泽	微透明	较细腻	参差状	大量褐色点状-云雾状杂质矿物
TQ-11	白—黄—褐黄	玻璃-弱油脂光泽	微透明	细腻	参差状	褐色点状和黄色条带状杂质矿物
TQ-12	白—黄	玻璃-弱油脂光泽	微透明	细腻	参差状	褐黄色条带状杂质矿物
TQ-13	白—黄	玻璃-弱油脂光泽	微透明	细腻	参差状	内部洁净
TQ-14	黄白—褐黄	玻璃-弱油脂光泽	微透明	细腻	参差状	定向排列的黄绿色斑状杂质矿物
TQ-15	灰白—黑	玻璃光泽	不透明	较细腻	参差状	黑-褐红色斑点状杂质矿物呈条带状富集,反射光下呈铜黄色
TQ-16	白—褐红—黑褐	玻璃光泽	不透明	较粗	参差状	裂隙发育,见不均匀褐色网脉状和斑点状杂质矿物

2. 光泽

光泽反映了矿物表面反射光的能力大小,在抛光程度相同的情况下,矿物的光泽在很大程度上取决于矿物的折射率。在宝玉石学领域,常见的光泽类型有玻璃光泽、油脂光泽、蜡状光泽、丝绢光泽等。大部分新疆塔玉原石样品呈油脂-蜡状光泽,抛光样品主要呈玻璃-弱油脂光泽或玻璃光泽,断口呈油脂光泽。经试验证明,新疆塔玉的光泽有一个十分神奇的效应,即成品在佩戴或把玩一段时间(一般10天左右)后,将呈现出十分明显的油脂光泽,与优质和田玉光泽相当。

3. 透明度

透明度是多数宝玉石重要的物理性质之一,也是评价宝玉石品质和鉴别宝玉石真伪的主要依据之一。不同矿物透过可见光波的能力不同,反映在宝石学特征上就是透明度的大小。透明度级别跨度相对较大,由高到低依次为透明、亚透明、半透明、微透明和不透明。通过肉眼观察发现,大部分新疆塔玉样品的透明度为微透明,个别样品可呈半透明或不透明。受杂质矿物、裂隙、颜色不均等因素影响,部分样品不同区域的透明度亦存在差异。与光泽的变化相联系,新疆塔玉成品在佩戴或把玩一段时间后,透明度将显著提高,品质高的成品因此而显得晶莹剔透。

4. 质地

玉石的质地主要取决于结构,即组成玉石的矿物颗粒大小、形状及相互间关系等。通过肉眼和10倍放大镜下观察发现,大部分新疆塔玉样品质地细腻或较细腻,10倍放大镜下无颗粒感或颗粒感较弱;也有部分样品质地较粗,10倍放大镜下颗粒感相对较强。

5. 断口

断口是指玉石在外力作用下产生的无固定方向破裂的性质。根据物质组成方式不同,断口也各有各自固定的形状。常见断口类型有贝壳状、锯齿状、粗糙状、多片状、纤维状或错综细片状等。新疆塔玉为显微显晶质矿物集合体,在肉眼和宝石显微镜下显示为参差状断口。但在扫描电子显微镜下观察,可见组成新疆塔玉的主要矿物石英的贝壳状断口(图3-3)。

6. 内部特征

在宝石显微镜下对新疆塔玉样品的内部特征进行观察。结果表明,白色、黄

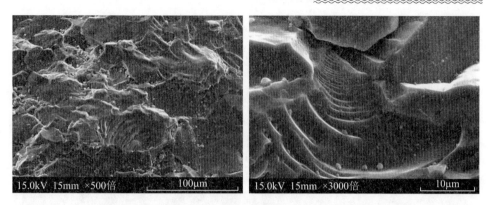

图 3-3 新疆塔玉主要组成矿物石英的贝壳状断口

色样品内部一般较为洁净,其他样品内部可见白色、黄—褐黄色斑点状、云雾状、浅绿—青绿—黄绿色、褐红色、黑色丝脉状、网脉状杂质矿物分布(图 3-4)。

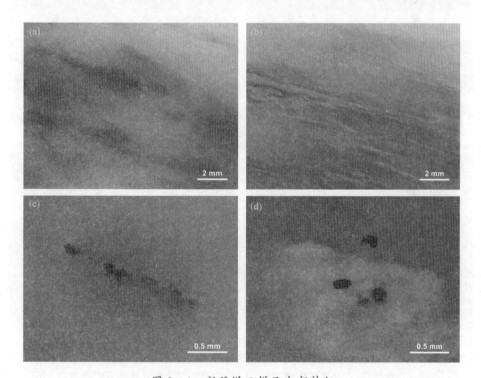

图 3-4 新疆塔玉样品内部特征

(a)青绿色丝脉状杂质矿物定向排列(TQ-06);(b)黄绿色丝脉状杂质矿物定向排列(TQ-07);(c)裂隙内及附近的铁质浸染(TQ-08);(d)深褐红色点状铁质矿物(TQ-08)

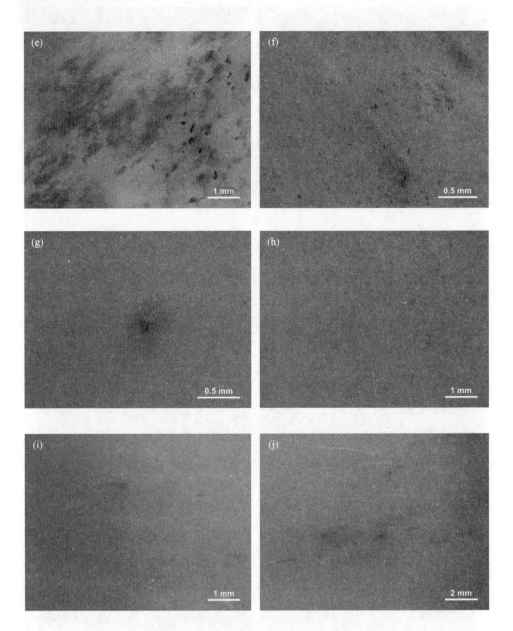

续图 3-4 新疆塔玉样品内部特征

(e)黄褐色网脉状、斑点状铁质矿物(TQ-10);(f)深青绿色斑点状杂质矿物(TQ-10);
(g)深褐色点状铁质矿物及周围铁质浸染(TQ-11);(h)点状及丝脉状铁质浸染(TQ-11);
(i)黄色和白色部分呈渐变过渡(TQ-14);(j)黄绿色杂质矿物弱定向排列(TQ-14)

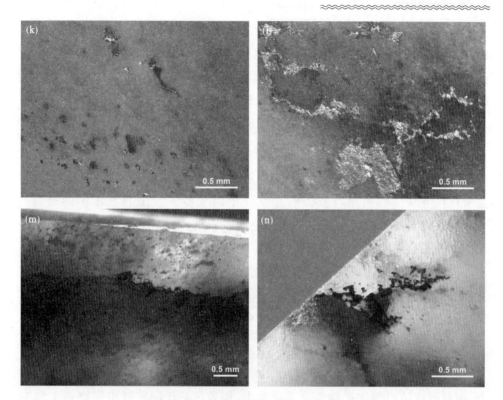

续图3-4 新疆塔玉样品内部特征

(k)黑色斑点状杂质矿物,新鲜面呈铜黄色(TQ-15);(l)褐红色网脉状杂质矿物,新鲜面呈铜黄色(TQ-15);(m)褐红色铁质矿物呈点状或沿裂隙分布(TQ-16);(n)褐红色网脉状铁质矿物(TQ-16)

二、常规宝石学特征

为进一步确定新疆塔玉的常规宝石学特征,对16个样品进行了折射率、密度、硬度和发光性测试。

1. 折射率

宝玉石的折射率简言之就是光在真空中的传播速度与光在玉石中的传播速度之比率。玉石的折射率越高,使入射光发生折射的能力越强,折射率越高。玉石的折射率也与抛光后的样品呈现的光泽有一定相关性,折射率越高,光泽相对越强。折射率也是鉴定宝玉石重要的物理性质。新疆塔玉样品的抛光面大多呈玻璃-弱油脂光泽,这是中等折射率宝玉石较常见的光泽。

折射率测试在同济大学宝石及工艺材料实验室和上海宝石及材料工艺工程技术研究中心进行,采用宝石折射仪(刻面法)对新疆塔玉样品的抛光面进行测试。测试结果显示,所有样品的折射率都在 1.54～1.55 之间,平均值为 1.547,与石英的标准折射率 1.544～1.553 接近。

2. 密度

宝玉石的密度与相对密度近似相等。相对密度在温度为 4℃ 及标准大气压条件下,宝玉石的重量与等体积水的重量之间的比值,即宝玉石相对密度＝宝玉石在空气中的质量/(宝玉石在空气中的重量－宝玉石在水中的质量)。一般采用静水称重法进行测定。由于主要玉石的密度不同,而且易于测试,因此密度是玉石真假鉴定最为重要的指标之一。

相对密度测试在同济大学宝石及工艺材料实验室和上海宝石及材料工艺工程技术研究中心进行。测试结果显示,样品的相对密度多在 2.63～2.65g/cm^3 范围内,即新疆塔玉样品的平均密度值为 2.64g/cm^3。

3. 硬度

硬度是指宝玉石抗磨蚀的能力。宝玉石硬度测定方法一般采用相对硬度法,相对硬度法由德国矿物学家莫斯提出,即通过莫氏硬度计中硬度由 1 到 10 的代表矿物滑石、石膏、方解石、萤石、磷灰石、长石、石英、托帕石、刚玉和金刚石来判断宝玉石的相对硬度。例如某种宝玉石可划动长石,但无法为石英所划动,则代表其莫氏硬度为 6～7。

莫氏硬度测试在同济大学宝石及工艺材料实验室和上海宝石及材料工艺工程技术研究中心进行。测试结果显示,所有新疆塔玉样品的莫氏硬度均为 6～7。

4. 发光性

紫外荧光灯是一种重要的辅助性鉴定仪器,主要用来观察宝石的荧光和磷光。发光性很少作为判断宝玉石种属的决定性依据,但在某些情况下可以较快速地区分宝玉石品种。实验室通常采用长波 365nm 和短波 253.7nm 两种波长的紫外线进行测试。

发光性测试在同济大学宝石与材料工艺学实验室和上海宝石及材料工艺工程技术研究中心进行。测试结果显示,所有新疆塔玉样品在长波和短波紫外荧光灯下均显惰性。

第三章 宝石矿物学

第二节 物质组成

新疆塔玉的物质组成分为矿物组成和化学组成两个方面,两者相互关联,均是决定塔玉基本成分特征的主要因素。

一、矿物组成

石英岩玉的组成矿物主要是显微显晶质的粒状石英颗粒,另可含有少量云母类矿物、绿泥石、褐铁矿、赤铁矿、针铁矿、黏土矿物等。为了获得新疆塔玉的矿物组成,将样品 TQ-01~TQ-16 磨制为标准玉石薄片(0.03mm)16片,采用同济大学宝石与材料工艺学实验室和上海宝石及材料工艺工程技术研究中心的 BM 2100 POL 型偏光显微镜(图 3-5)和同济大学海洋地质国家重点实验室的日本造 JEOL JXA-8230 型电子探针(图 3-6)进行观察。结果表明,新疆塔玉样品的矿物组成主要为石英(图 3-7),各样品中石英含量不等,一般含量大于 85%,品质较纯者石英含量可达 95%~98%。此外新疆塔玉样品中还含有不等量的白云石(图 3-8)、绿帘石(图 3-9 和图 3-10)、斜绿泥石(图 3-11)、榍石(图 3-12)、钾长石(图 3-13)以及铁氧化物(图 3-14)、金

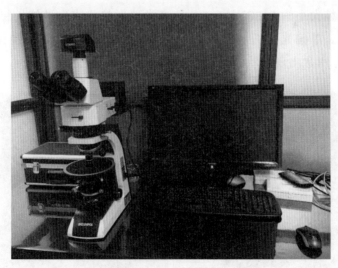

图 3-5 BM 2100 POL 型偏光显微镜
(同济大学宝石及工艺材料实验室)

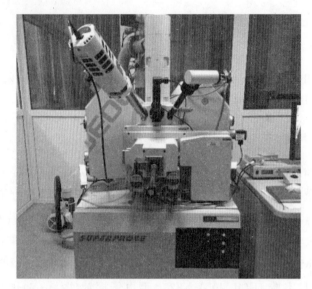

图 3-6　JEOL JXA-8230 型电子探针
（同济大学海洋地质国家重点实验室）

属硫化物（图 3-15）等次要矿物。

1. 石英

石英颗粒大小为 0.005～0.1mm，多为他形粒状或扁平拉长粒状，颗粒边界呈锯齿状。单偏光下石英颗粒多呈无色，正低突起，最高干涉色为Ⅰ级黄白，受应力作用常出现波状消光（图 3-7）。

图 3-7　新疆塔玉样品中的石英（正交偏光）

2. 白云石

样品 TQ-02 中可见白云石呈细脉状贯穿石英颗粒。白云石呈半自形、菱形解理发育,单偏光下呈无色,具明显闪突起,最高干涉色为高级白(图 3-8)。

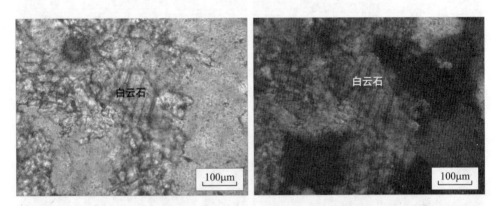

图 3-8 新疆塔玉样品中的白云石

(左:单偏光;右:正交偏光)

3. 绿帘石

样品 TQ-06 和 TQ-07 中可见大量粒状绿帘石集合体呈脉状定向排列,边缘为石英所交代,呈不规则溶蚀状(图 3-9)。绿帘石单颗粒在单偏光下呈黄绿或暗绿色,多色性较弱,正高突起,正交偏光下具鲜艳而明亮的灰蓝、姜黄、紫红等异常干涉色(图 3-10)。

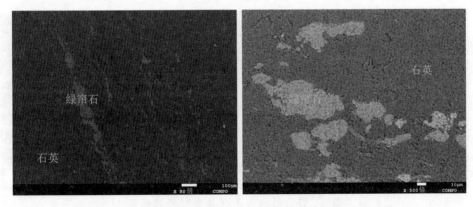

图 3-9 新疆塔玉样品中绿帘石的背散射电子(BSE)图像

图3-10 新疆塔玉样品中的绿帘石
(左:单偏光;右:正交偏光)

4. 斜绿泥石

样品 TQ-10 中偶见假六方片状斜绿泥石。单偏光下呈浅绿色,多色性弱,正低突起,最高干涉色为Ⅰ级灰(图3-11)。

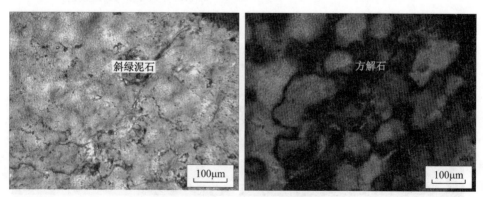

图3-11 新疆塔玉样品中的斜绿泥石
(左:单偏光;右:正交偏光)

5. 榍石

样品 TQ-06 中可见少量榍石,呈粒状,直径 5~10μm,边缘不规则(图 3-12)。

6. 钾长石

样品 TQ-15 中可见少量钾长石,呈粒状,边缘不规则,为石英所交代(图 3-13)。

7. 铁氧化物

样品 TQ-08 和 TQ-16 中可见大量铁氧化物呈不规则

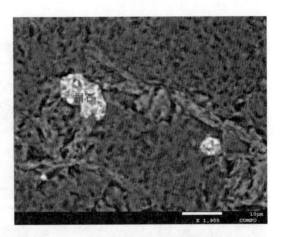

图 3-12 新疆塔玉样品中榍石的背散射电子(BSE)图像

图 3-13 新疆塔玉样品中钾长石的背散射电子(BSE)图像

团块状、薄膜状、网脉状沿石英裂隙或颗粒间隙分布,单偏光下部分为橙红—褐红色,透明—半透明[图 3-14(a)],部分黑色,不透明,仅在加大光源强度时可见边缘呈褐红色[图 3-14(c)]。

8. 金属硫化物

样品 TQ-15 中可见大量金属硫化物呈粒状、不规则团块状或浸染脉状分布,单偏光下呈黑色,不透明(图 3-15)。

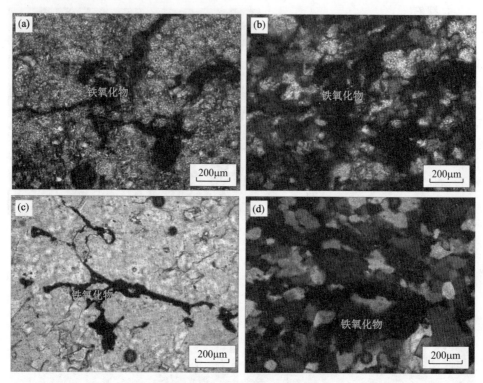

图 3-14 新疆塔玉样品中的铁氧化物

(左:单偏光;右:正交偏光)

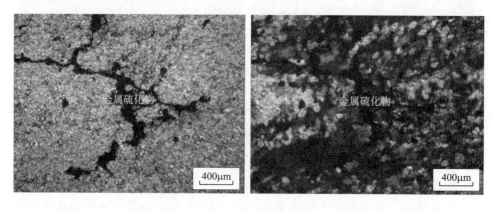

图 3-15 新疆塔玉样品中的金属硫化物

(左:单偏光;右:正交偏光)

二、化学组成

新疆塔玉的主要组成矿物 α-石英的化学分子式为 SiO_2,其化学成分通常较纯,SiO_2 含量接近 100%。根据光谱分析资料,大部分纯 α-石英同时也含有少量的 Fe、Mg、Al、Ca、Li、Na、K 等成分。此外,前文在宝石显微镜和偏光显微镜下的观察结果也表明新疆塔玉中尚含有不等量的各类次要矿物。为了研究新疆塔玉的化学组成,采用同济大学海洋地质国家重点实验室日本造 JEOL JXA-8230 型电子探针对 16 个样品(TQ-01~TQ-16)中的主要矿物和次要矿物化学成分进行分析。电子探针技术是利用聚焦极细的电子束轰击固体样品表面,根据微区内发射的 X 射线的波长及强度来进行定量、定性分析,主要用于矿物微区的化学成分的检测。测试条件:加速电压为 15kV,束流为 10nA,束斑直径为 1~5μm。样品表面镀碳膜,每个样品不同颜色区域或每个次要矿物测试 2~3 个点位并求取平均值。采用天然和人工合成的矿物或者氧化物(SPI)作为标样,数据处理采用 ZAF 校正方法。

1. 主要矿物化学组成

表 3-2 为电子探针测试结果。从表 3-2 可以看出,新疆塔玉样品中石英的主要化学成分为 SiO_2(98.43%~99.86%),次要化学成分包括 Na_2O(0~0.09%)、K_2O(0~0.08%)、CaO(0~0.06%)、MgO(0~0.03%)、Cr_2O_3(0~0.03%)、$TFeO$(0~0.04%)、TiO_2(0~0.06%)等。值得注意的是,不同颜色塔玉样品的致色元素 Fe 含量存在差异,具体表现为:白色区域 TFeO 含量为 0~0.02%,黄色区域为 0.01%~0.04%;尤其是对于同一样品(TQ-12、TQ-13 和 TQ-14),黄色区域的 TFeO 含量明显高于白色区域。因此,Fe 元素的赋存状态是导致塔玉呈现黄色调的主要原因。前人研究一般认为黄色石英质玉的颜色主要由赋存于石英颗粒之间的铁质矿物(如针铁矿)所致(周丹怡等,2013)。由于该类铁质矿物十分细小且结晶度差,因此在偏光显微镜或背散射电子图像中都难以观察到。推测新疆塔玉的黄色调同样是由石英颗粒间隙中的铁质矿物所致,且铁质矿物分布越密集,样品的黄色调越深。

2. 次要矿物化学组成

结合背散射电子图像和电子探针化学成分定量分析对新疆塔玉样品中的次要矿物绿帘石、榍石、斜绿泥石、钾长石、铁氧化物、黄铁矿和黄铜矿进行测

表 3-2 新疆塔县石英岩玉样品中石英的化学成分　　单位：$w/\%$

样品号(颜色)	SiO_2	TiO_2	Al_2O_3	Cr_2O_3	V_2O_3	CaO	MgO	TFeO	MnO	BaO	Na_2O	K_2O	总计
TQ-01(白)	99.28	bdl	0.07	bdl	0.02	0.02	0.02	0.01	0.03	0.02	0.09	0.08	99.63
TQ-02(白)	99.51	0.02	0.02	0.01	bdl	0.03	0.02	bdl	bdl	0.05	0.03	0.04	99.73
TQ-03(白)	99.38	bdl	0.05	bdl	bdl	0.04	0.01	bdl	0.03	0.03	0.03	0.03	99.58
TQ-04(白)	98.43	bdl	0.01	0.01	bdl	bdl	bdl	bdl	0.06	0.04	0.02		98.57
TQ-05(白)	99.73	0.04	0.05	bdl	0.02	0.04	0.01	bdl	0.01	0.03	0.01		99.93
TQ-06(白)	99.50	bdl	0.14	bdl	0.01	0.02	0.02	0.01	0.03	0.01	0.03	0.02	99.78
TQ-07(白)	98.94	0.02	0.07	bdl	bdl	0.03	bdl	0.01	0.03	0.02	0.01		99.12
TQ-08(白)	99.71	bdl	0.04	0.02	0.02	0.03	bdl	bdl	0.04	0.02	0.03	0.01	99.91
TQ-09(黄)	99.04	0.02	0.02	bdl	0.01	0.04	0.01	bdl	0.01	bdl	0.07	0.06	99.28
TQ-10(白)	99.07	0.02	0.24	0.02	bdl	bdl	0.02	bdl	bdl	0.03	0.01	0.01	99.43
TQ-11(黄)	99.43	0.01	0.02	0.03	0.03	0.01	bdl	0.02	0.02	bdl	0.01	0.02	99.59
TQ-12(白)	99.13	0.05	bdl	bdl	bdl	0.01	0.01	bdl	0.02	0.03	0.01		99.26
TQ-12(黄)	99.64	0.02	0.05	bdl	bdl	0.03	bdl	0.02	bdl	0.08	0.02	bdl	99.86
TQ-13(白)	98.99	bdl	bdl	bdl	bdl	bdl	0.01	bdl	bdl	0.05	bdl	0.01	99.05
TQ-13(黄)	99.01	0.02	0.03	bdl	0.02	0.01	bdl	0.03	bdl	0.02	0.05	0.05	99.24
TQ-14(白)	99.42	0.04	bdl	bdl	bdl	0.06	bdl	bdl	0.02	bdl	0.04		99.58
TQ-14(黄)	99.86	bdl	bdl	0.02	bdl	bdl	bdl	bdl	bdl	bdl	0.03	0.01	99.98
TQ-15(白)	99.18	bdl	0.07	bdl	bdl	bdl	0.03	0.02	bdl	bdl	0.07	0.01	99.37
TQ-16(白)	99.55	bdl	bdl	0.03	0.01	0.04	0.02	bdl	0.01	0.17	bdl	0.02	99.84

注：w 为质量分数；bdl 为质量分数低于仪器检出限(0.01%)；TFeO 为全铁($FeO+Fe_2O_3$)质量分数。

试与分析。

表 3-3 和表 3-4 为次要矿物测试结果。表 3-3 进一步表明,绿色塔玉样品 TQ-06 和 TQ-07 的致色矿物为绿帘石,该矿物在其他产地石英岩玉中尚未见报道,是一种新的绿色石英岩玉致色矿物,且其在部分黄色样品(TQ-09)中也少量存在。绿帘石的主要化学成分为 SiO_2(37.43%~38.55%)、Al_2O_3(23.63%~25.84%)和 CaO(21.96%~22.70%)。此外还含有一定量的 TFeO(平均含量 8.84%~11.24%),推测 Fe 含量是导致绿帘石呈现青绿色继而导致新疆塔玉呈现青绿色的主要原因。

表 3-3 新疆塔县石英岩玉样品中次要矿物的化学成分 单位:$w/\%$

样品号	SiO_2	TiO_2	Al_2O_3	Cr_2O_3	V_2O_3	CaO	MgO	TFeO	MnO	BaO	Na_2O	K_2O	总计	矿物
TQ-06	38.55	0.07	23.63	0.03	bdl	22.42	0.04	11.24	0.14	0.07	0.03	bdl	96.21	绿帘石
TQ-07	38.15	0.09	24.74	0.01	0.04	21.96	0.26	9.23	0.30	0.05	bdl	0.01	94.82	绿帘石
TQ-09	37.43	0.02	25.84	0.02	0.02	22.70	0.07	8.84	0.12	bdl	0.00	bdl	95.05	绿帘石
TQ-06	32.71	30.19	6.20	0.05	0.30	27.42	0.10	0.40	0.03	0.05	0.02	0.04	97.50	榍石
TQ-10	24.73	bdl	18.20	0.01	0.06	0.14	16.21	20.04	0.70	0.05	0.09	0.02	80.23	斜绿泥石
TQ-15	63.49	0.01	18.52	bdl	0.03	0.01	0.02	bdl	0.02	0.73	0.22	16.23	99.25	钾长石
TQ-11	7.59	bdl	0.07	0.23	0.08	1.99	0.72	66.37	0.44	bdl	1.47	0.36	79.31	铁氧化物
TQ-16	4.50	0.08	3.56	bdl	bdl	0.13	0.05	70.71	bdl	0.06	0.11	0.13	79.32	铁氧化物

注:w 为质量分数;bdl 为质量分数低于仪器检出限(0.01%);TFeO 为全铁(FeO+Fe_2O_3)质量分数。

表 3-4 新疆塔县石英岩玉样品中金属硫化物的化学成分 单位:$w/\%$

样品号	Fe	Cu	Pb	Zn	Co	S	总计	矿物
TQ-15	45.88	0.01	0.16	bdl	0.06	54.22	100.33	黄铁矿
TQ-15	29.98	33.37	bdl	0.05	0.05	35.87	99.32	黄铜矿

注:w 为质量分数;bdl 为质量分数低于仪器检出限(0.01%)。

样品 TQ-06 中的榍石主要化学成分为 SiO_2(32.71%)、CaO(27.42%)和 TiO_2(30.19%),此外还含有一定量的 Al_2O_3(6.20%)。

样品 TQ-10 中的斜绿泥石主要化学成分为 SiO_2（24.73%）、Al_2O_3（18.20%）、MgO（16.21%）和 $TFeO$（20.04%）。化学成分总量为 80.23%，与其晶体结构中含有一定量的层间水有关。

样品 TQ-15 中长石的化学成分含 SiO_2（63.49%）、Al_2O_3（18.52%）、CaO（0.01%）、Na_2O（0.22%）和 K_2O（16.23%），端元组成为 Ab_2Or_{98}，属碱性长石类富钾长石（一般简称为钾长石）亚类。

样品 TQ-11 中褐黄色斑状部位及 TQ-16 中褐红色区域的主要组成为铁氧化物，电子探针测得的 TFeO 含量（66.37%～70.71%）和化学成分总量（79.31%～79.32%）相较于前人（王濮等，1984）报道的赤铁矿值（TFeO：92.58%～99.47%，湿法化学分析）均偏低，这是由于样品中的铁氧化物主要以 Fe^{3+} 形式存在。另外，样品中除赤铁矿外可能还含有一定量的水合铁（氢）氧化物，如表生环境下赤铁矿和针铁矿形成的前驱——水铁矿（王小明等，2011）。同时，水铁矿一般呈红棕色或红褐色（王小明等，2011；周丹怡等，2013），推测其存在也是导致样品 TQ-16 呈现褐红色调而非亮红色调的原因之一。

表 3-4 表明，样品 TQ-15 中含有黄铁矿和黄铜矿两类金属硫化物，化学成分分别以 Fe（45.88%）、S（54.22%）和 Cu（33.37%）、Fe（29.98%）、S（35.87%）为特征。

第三节　结构构造

一、结 构

玉石的结构是指组成玉石的矿物的结晶程度、大小、形态以及相互之间的构成关系等。大量细小的单晶石英颗粒以不同形式紧密结合在一起就构成了石英岩玉矿物集合体——塔玉（图 3-16）。

1. 偏光显微镜观察

根据 16 个标准岩石薄片样品（厚度约 0.03mm）的偏光显微镜下观察结果，新疆塔玉主要呈粒状变晶结构（图 3-17），该结构属于岩石在固态条件下由重结晶和变质结晶作用形成的变质岩结构。

新疆塔玉中的石英颗粒形状多呈他形，部分颗粒呈拉长状定向排列（典型

图 3-16 从石英单晶到塔玉(石英岩玉)

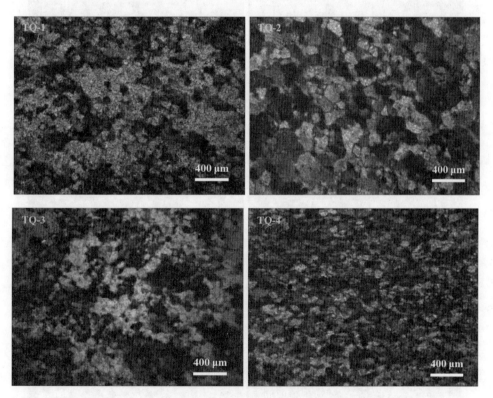

图 3-17 塔玉中石英集合体的粒状变晶结构

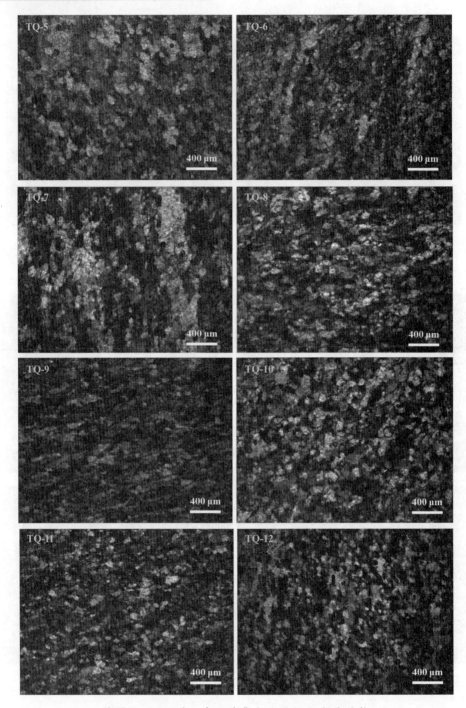

续图 3-17 塔玉中石英集合体的粒状变晶结构

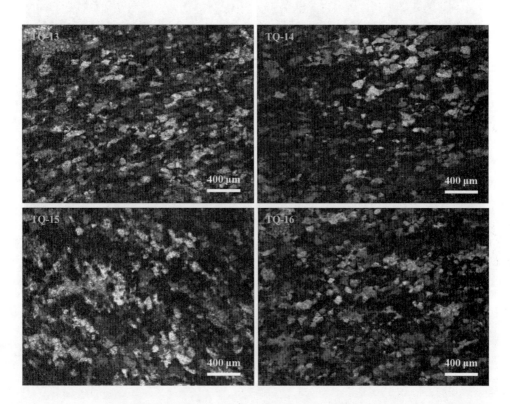

续图 3-17 塔玉中石英集合体的粒状变晶结构

者如 TQ-09）。颗粒直径大小为 0.02～0.2mm，多为 0.05～0.08mm，属显晶细粒变晶结构（现行国家标准规定，显晶质和隐晶质以单矿物颗粒粒径大于或小于 20 μm 为界）。大多数样品中石英颗粒大小近于相等，形成等粒变晶结构，如样品 TQ-01、TQ-04、TQ-09、TQ-10、TQ-11、TQ-12 等；部分样品中石英颗粒大小不相等且呈连续变化，形成不等粒变晶结构，如样品 TQ-02、TQ-06、TQ-07、TQ-14 等；少数样品局部有较大的石英颗粒分布在细粒的石英矿物集合体中，形成斑状变晶结构，如样品 TQ-03、TQ-10、TQ-13、TQ-15 等（图 3-18）。

总体而言，新疆塔玉中的石英颗粒细小，分布均匀，颗粒之间紧密镶嵌，因此加工性能好，成品质地细腻、品质较高。

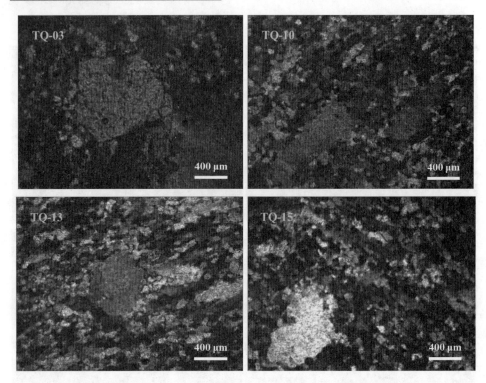

图3-18 塔玉中石英集合体的斑状变晶结构

2. 扫描电镜(SEM)观察

扫描电镜(SEM)舱内电子枪发射出来的电子束,在加速电压的作用下,经过2~3个电子透镜聚焦后,在样品表面按顺序逐行进行扫描,激发样品表面产生各种物理信号,如二次电子、背散射电子、吸收电子、X射线、俄歇电子等。这些物理信号的强度随样品表面特征而变,它们分别被相应的接收器接受,经放大器放大后送到显示器上。此时,显示器上就形成了一幅与样品表面特征相对应的图像,图像上亮暗程度的分布,对应表示该微区信息的强弱分布,从而完成扫描电镜的成像过程。扫描电镜具有分辨率高、放大倍数大、立体感强等特点,利用扫描电镜观察能够得到更直观、更精细的玉石表面微观形貌图像。选取具代表性的6个新疆塔玉样品TQ-01、TQ-03、TQ-05、TQ-09、TQ-12、TQ-13进行扫描电镜观察,样品经酒精清洁,敲击后露出新鲜断面,喷金处理后进行观察。测试地点为苏州大学分析测试中心,测试仪器为日本日立公司生产的S-4700型场发射扫描电子显微镜(图3-19),加速电压

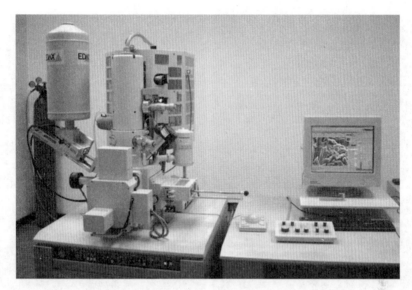

图 3-19 S-4700 型场发射扫描电子显微镜
（苏州大学分析测试中心）

15kV，最大放大倍数可达 50 万倍。

观察结果表明，不同颜色的新疆塔玉样品均呈现出致密结合的粒状结构特征，石英颗粒之间镶嵌紧密，孔隙度低（图 3-20）。

二、构造

玉石的构造是玉石更宏观的观察，它主要指的是玉石中各组分在空间上的排列、分布和聚集的方式。新疆塔玉最常见与其他产地石英岩玉一样的块状构造，此外还发育条带状构造和浸染状构造。

1. 块状构造

块状构造是新疆塔玉中最为常见的构造类型，一般出现在白色调的玉石中，表现为组成玉石的矿物在整块玉石中均匀分布、无定向排列、无任何特殊的形态，玉石各部分成分和结构均一，表面致密均匀[图 3-21(a)]。

2. 条带状构造

新疆塔玉中也常见不规则的条带状构造，主要表现为白色、黄色或绿色的玉石条带相间分布，近似平行排列[图 3-21(b) 和图 3-21(c) 中白-绿色玉石]。

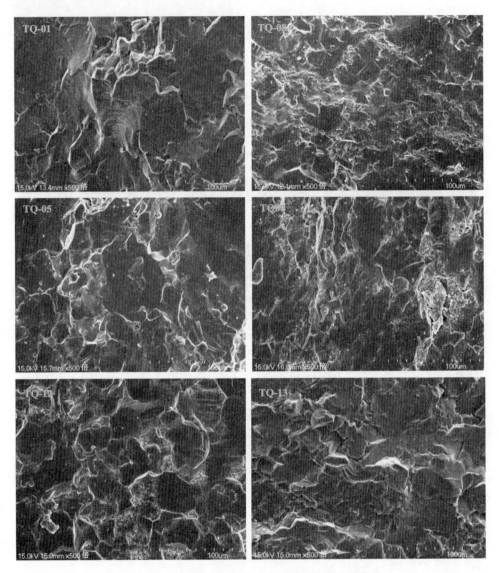

图3-20 新疆塔玉样品的扫描电镜(SEM)图像

3. 浸染状构造

浸染状构造常见于新疆塔玉黄色品种之中,表现为黄色部分呈浸染状不规则地与白色、青白色部分接触相交,颜色渐变过渡自然,该类玉料可以为创作巧雕作品提供良好条件[图3-21(c)中青白-黄色玉石和图3-21(d)]。

图 3-21 新疆塔玉的典型构造
(a)块状构造;(b)条带状构造;(c)条带状构造和浸染状构造;(d)浸染状构造

第四节 产地特征

通过搜集前人文献资料,将新疆塔玉的宝石学、矿物学、地质成因等特征与国内其他产地石英质玉(主要为石英岩玉)进行了对比(表 3-5),包括金丝玉(DB65/T 3442—2013 金丝玉;杜杉杉等,2014;田帅等,2014;李文莉等,2015)、黄龙玉(姚雪,2007;田隆,2012;杨梦楚,2012;张勇等,2012;刘学等,2013;裴景成等,2014;王时麒和张雪梅,2015)、鸡血玉(文长春,2015;白芳芳等,2016;周丹怡等,2017)、台山玉(黄德晶等,2013)、贵翠(陈豫等,1983;杨林等,2009;T52/GZBX 0001-2017 贵翠)、佘太翠(李宝军等,2011;陈全莉等,2013a,2013b)、密玉(潘羽,2017)、东陵石(杨银成等,2007a,2007b)、通天玉(李伟良和王谦,2015;徐质彬等,2018)、大别山玉或霍山玉(戴慧等,2011;袁晓玲

表 3-5 我国主要产地石英质玉特征对比

名称	产地	宝石学特征				矿物学特征				地质成因	文献
		颜色	折射率	密度/g·cm⁻³	硬度	主要矿物	显微结构	颗粒形状	粒径/mm		
金丝玉	新疆准噶尔盆地及周边地区	红、黄、白、灰、黑	1.541~1.547	2.66	6.5~7	石英，75%~95%	不等粒结构，隐晶质结构	他形粒状	0.05~0.25	由火山热液沿地层裂隙充填冷凝形成，经风化剥蚀，在流水搬运过程中形成仔料	DB65/T 3442—2013 金丝玉；杜杉杉等(2014)；田帅等(2014)；李文莉等(2015)
黄龙玉	云南省保山市龙陵县象达乡、龙新乡、龙江乡及周边地区	常见黄、橙红、白、少见黑、绿、灰、黑、可见紫、棕褐等，可含"草花"	1.54~1.56	2.60~2.71	6.5~7	石英、玉髓、蛋白石，SiO₂含量达95%	隐晶质结构，微粒结构	他形粒状镶嵌粒状	0.004~0.060	花岗岩浆晚期分异的含黄矿热液沿节理裂隙和断裂多期次叠加式充填与贯入，进而沉淀、凝结，形成石英脉和玉髓脉。山料经风化，流水搬运形成仔料	姚雪(2007)；田隆(2012)；杨梦楚(2012)；张勇等(2012)；刘学等(2013)；裴景成(2014)；王时麒和张雪梅(2015)
鸡血玉	广西省桂林市龙胜县三门一大地一鸡爪一带	三白、红、黑、黄、紫、绿	1.54~1.55	2.62~2.69，高达 3.39	6~7	石英	他形等粒变晶结构变斑晶结构	粒状	0.01~0.50	原生矿为硅质岩经构造活动变质形成，次生矿为风化、剥蚀、搬运形成	文长春(2015)；白芳(2016)；周丹怡等(2017)
台山玉	广东省台山市北陡地区	橙黄、棕黄、浅黄、白争、少见黑、墨绿等色	1.54~1.55	2.62~2.65	6~7	石英	多具隐晶质结构，少见细粒结构、板条状变晶结构	他形粒状、板条状	0.01、0.06、0.2~1.5	火山岩浆作用带来的SiO₂流体转变为石英，受多期地质构造作用和热液侵入遭受动热变质，产生重结晶	黄德晶等(2013)

续表 3-5

名称	产地	宝石学特征				矿物学特征				地质成因	文献
		颜色	折射率	密度/g·cm⁻³	硬度	主要矿物	显微结构	颗粒形状	粒径/mm	次要矿物	
贵翠	贵州省晴隆县大厂镇	以绿为主，也见黄、褐、红、黑等色	1.54~1.55	2.6~2.7	6.5~7	石英	粒状结构，纤维状结构，花岗变晶结构等	半自形—他形	—	地开石、绢云母、泥石、高岭石、褐铁矿、碳质等	陈豫等（1983）；杨林等（2009）；T52/GZBX 0001—2017 贵翠
佘太翠	内蒙古乌拉特前旗大余太镇	白、青、黄、翠绿、蓝、灰、紫、灰黑等色	1.53~1.55	2.65~2.79	6~7	白色：白云石（高于60%），其他：石英（80%）	细粒—粒状变晶结构	粒状，半自形	0.2~0.5	绢云母、白云石、解石、长石、赤铁矿、叶蜡石、伊利石、高岭石等	李宝军等（2011）；陈全利等（2013a,2013b）
密玉	河南省新密市牛店镇助泉寺村	常见白、绿色，少见黄、红、紫、黑等色	1.54	2.65	6.4~6.9	石英达97%以上	花岗变晶结构，微细粒变晶结构	他形粒状	0.04~1.80，多为0.1~0.5	铬绢云母、锆石、电气石、铁（氢）氧化物等	由石英砂岩经变质作用形成石英岩，而后热液沿裂隙交代形成绿色密玉	潘羽（2017）
东陵石	青海省海北藏族自治州祁连县八宝镇	白、灰、翠绿色	—	2.60	—	石英	糜棱结构	碎斑状	0.01~0.70	铬云母、黄铁矿、褐铁矿等	硅质岩经中低温热液变质矿床	杨银成等（2007a,2007b）

续表 3-5

名称	产地	宝石学特征				矿物学特征				地质成因	文献
		颜色	折射率	密度/g·cm⁻³	硬度	主要矿物	显微结构	颗粒形状	粒径/mm	次要矿物	
通天玉	湖南省郴州市临武县通天山	以白色为主,亦见黄、浅红、青绿、蓝、墨色等,可含"草花"	1.54	2.65,最高可达2.9	6.5~7.0	石英,约96%	隐晶—微晶结构	多呈他形或半自形的微细板条状,局部呈隐晶状	0.01~0.20	白云母、绢云母、高岭土等	岩浆期后热液充填交代以及变质热液充填交代形成	李伟良和王谦(2015);徐质彬等(2018)
霍山玉	大别山区,金寨、霍山、岳西、桐城一带	常见黄、红、褐红、白、土黄、灰绿,少见无色、紫黑、墨绿等,含"草花"	1.542~1.553	2.57~2.65,多为2.61~2.65	6.5	石英达88%以上	微粒—细粒结构,隐晶质结构少见	半自形柱状、粒状—他形粒状,彼此紧密镶嵌	0.05~0.20	绢云母、绿泥石、萤石、(赤铁矿化)褐铁矿、黄铁矿、软锰矿、锐钛矿及其他黏土矿物,少见重晶石、独居石、含钒金红石	近地表热液成因形成山石碎屑经地表水流搬运形成仔料风化作用形成山料	戴慧等(2011);袁晓玲(2012);张勇等(2013)
塔玉	新疆喀什市塔县大同乡	白、青绿、黄绿色,局部见灰褐、黄、褐、褐红、褐黑、黑色等	1.54~1.55	2.63~2.65	6~7	石英85%~98%	显晶细粒变晶结构,斑状变晶结构	他形粒状或扁平粒长状,彼此紧密镶嵌	0.02~0.20,多为0.05~0.08	白云石、绿泥石、绢云石、钠长石、赤铁矿、针铁矿、黄铁矿、黄铜矿等	变质重结晶作用	本书

等,2012;张勇等,2013)。

从表 3-5 中可知,新疆塔玉具有与其他产地石英质玉(石英岩玉)相当的折射率、硬度和密度。从颜色的角度而言,新疆塔玉色彩丰富,且具有金丝玉、黄龙玉、台山玉、通天玉中不常见的青绿色调。从主要矿物组成石英含量的角度而言,新疆塔玉中石英含量较高,尤其是白色品种石英含量可达98%或98%以上,明显高于其他产地白色石英岩玉。从显微结构的角度而言,新疆塔玉中的石英颗粒粒径与金丝玉、通天玉、大别山玉以及部分显晶质鸡血玉大小相当,较佘太翠、密玉略小,较黄龙玉则相对略大。

从次要矿物组成和颜色成因的角度而言,新疆塔玉尤其是绿色品种塔玉中普遍含有粒状绿帘石,而桂林鸡血玉和贵州贵翠中的绿色品种分别由鳞片状绿泥石和鳞片状、页状、风琴状或蠕虫状地开石致色,内蒙古佘太翠和河南密玉中的绿色品种均由鳞片状铬云母致色。因此,绿帘石作为一种新的绿色石英岩玉致色矿物,在其他产地中暂未见报道,可以作为塔玉的产地鉴别特征之一。

第四章 矿物谱学

第一节 X射线粉晶衍射

一、测试原理与方法

X射线是波长在0.1~10nm之间的一种电磁辐射,测试使用的X射线波长在5~25nm之间,与晶体中的原子间距(10nm)数量级相同,因此可以用晶体作为X射线的天然衍射光栅,使得用X射线衍射进行晶体结构分析成为可能。利用X射线衍射进行物相分析基于3条原则:①任何一种物相都有其特征的衍射谱;②任何两种物相的衍射谱不可能完全相同;③多相物质的衍射谱是各物相衍射谱的机械叠加。因此,可以通过对多晶质体产生的复合X射线衍射谱进行分析分解,确定样品由哪几种物相构成。

为了进一步对新疆塔玉的矿物组成进行分析,选取白色样品TQ-01、TQ-03、TQ-05,黄色样品TQ-09、TQ-11、TQ-12,白—黑色样品TQ-15和红褐色样品TQ-16进行X射线粉晶衍射测试。待测样品在玛瑙研钵中粉碎至200目。测试单位:苏州大学分析测试中心,测试仪器:Holland Panalytical公司生产的X'Pert-Pro MPD型X射线粉晶衍射仪(图4-1),测试条件:Cu靶,工作电压40kV,工作电流60mA,扫描速度0.02°/s,2θ范围10°~70°。测试数据采用MDI JADE6.5软件进行处理。

二、测试结果与分析

测试结果表明(图4-2,表4-1),不同颜色塔玉样品的X射线粉晶衍射图谱基本一致,主要衍射谱线位于0.334 5~0.335 0nm(101),0.425 7~0.426 5nm(100),0.181 8~0.182 0nm(112),0.154 2~0.154 3nm(211),

第四章 矿物谱学

图 4-1　X′Pert-Pro MPD 型 X 射线粉晶衍射仪
（苏州大学分析测试中心）

0.245 8～0.246 1nm(110)、0.228 3～0.228 4nm(012)、0.137 5～0.137 6nm(023)、0.137 2～0.137 3nm(301)等处,谱线位置、相对强度均与编号 46-1045 的 α-石英卡片对应良好,表明不同颜色的塔玉样品主要矿物组成均为 α-石英。此外,样品 TQ-15 的衍射谱中除 α-石英外,还出现了赤铁矿的特征衍射谱线 0.270 7nm(104)和 0.252 0nm(110);样品 TQ-16 的衍射谱中除 α-石英外,还出现了黄铜矿的特征衍射谱线 0.303 9(112)和 0.185 6(204)。X 射线粉晶衍射分析进一步说明样品 TQ-15 和 TQ-16 中分别含有一定量的赤铁矿和黄铜矿,验证了前文的偏光显微镜观察及电子探针测试结果。然而,黄色样品 TQ-09、TQ-11 和 TQ-12 中除 α-石英外均未检测到与铁有关的其他物相存在,推测是由于相关矿物含量或结晶程度过低所致。

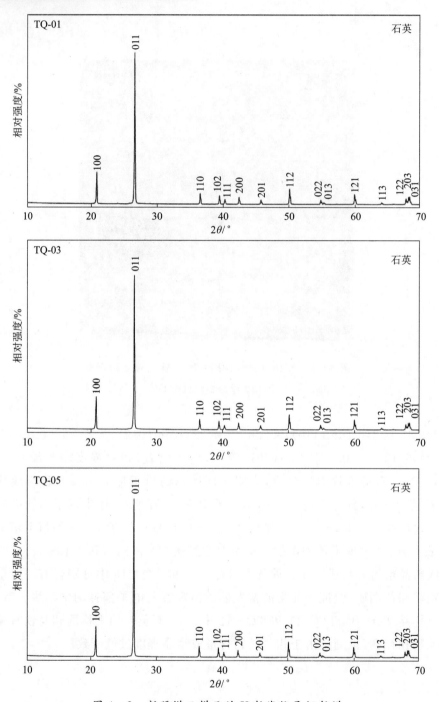

图 4-2 新疆塔玉样品的 X 射线粉晶衍射谱

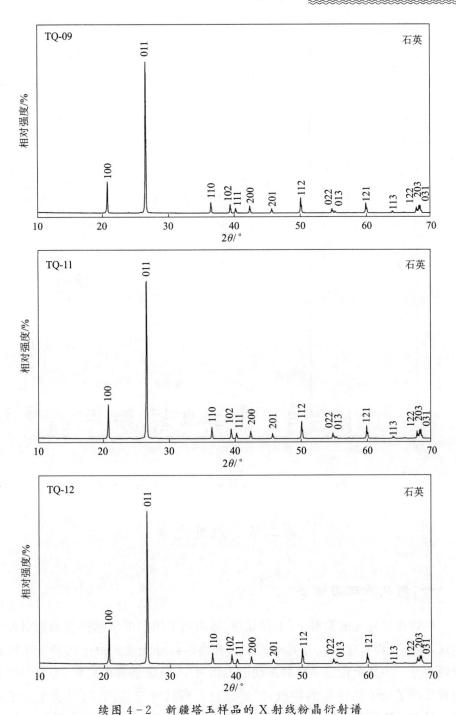

续图 4-2 新疆塔玉样品的 X 射线粉晶衍射谱

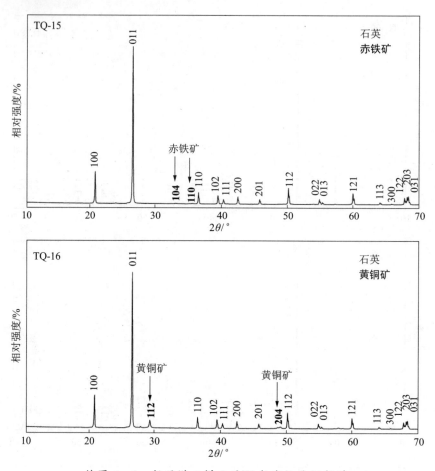

续图4-2 新疆塔玉样品的X射线粉晶衍射谱

第二节 红外光谱

一、测试原理与方法

矿物在红外光的照射下,引起晶格、络阴离子团和配位基的振动能级发生跃迁,并吸收相对应的红外光而产生的光谱称红外光谱。由于每种分子的吸收峰与分子中某个特定基团的振动形式相对应,吸收谱带的强弱、形状与波长位置反映了分子结构上的特点,因此通过分析红外光谱图,可以鉴定分子结构。目前红外光谱已被广泛用于无损鉴定宝玉石矿物的结构和种属。

表 4-1 新疆塔玉样品与标准 α-石英的 X 射线粉晶衍射数据

α-石英 (PDF 46-1045)			hkl	TQ-01			TQ-03			TQ-05			TQ-09		
2θ/°	d/nm	I/%		2θ/°	d/nm	I/%	2θ/°	d/nm	I/%	2θ/°	d/nm	I/%	2θ/°	d/nm	I/%
20.85	0.425 6	21.0	100	20.83	0.426 2	19.5	20.83	0.426 2	21.0	20.84	0.425 8	19.2	20.83	0.426 1	20.7
26.63	0.334 4	100.0	101	26.61	0.334 8	100.0	26.61	0.334 7	100.0	26.62	0.334 5	100.0	26.61	0.334 7	100.0
36.54	0.245 7	6.5	110	36.50	0.246 0	7.2	36.50	0.245 9	6.7	36.52	0.245 8	6.6	36.50	0.245 9	6.9
39.46	0.228 2	6.6	012	39.43	0.228 4	5.4	39.43	0.228 4	5.5	39.45	0.228 3	5.8	39.43	0.228 4	5.6
40.28	0.223 7	2.9	111	40.24	0.223 9	3.1	40.26	0.223 8	2.7	40.27	0.223 7	3.0	40.26	0.223 8	3.2
42.44	0.212 8	4.5	200	42.40	0.213 0	4.4	42.42	0.212 9	4.4	42.43	0.212 8	4.4	42.42	0.212 9	4.6
45.78	0.198 0	2.6	021	45.75	0.198 2	2.8	45.75	0.198 2	2.8	45.77	0.198 1	2.7	45.75	0.198 2	2.9
50.13	0.181 8	10.8	112	50.10	0.181 9	9.5	50.10	0.181 9	9.8	50.12	0.181 9	9.6	50.10	0.181 9	10.1
50.61	0.180 2	0.3	003	50.58	0.180 3	0.2	50.56	0.180 4	0.2	50.60	0.180 3	0.2	50.58	0.180 3	0.2
54.86	0.167 2	3.3	202	54.83	0.167 3	3.0	54.83	0.167 3	3.0	54.85	0.167 3	2.8	54.83	0.167 3	2.8
55.32	0.165 9	1.3	103	55.27	0.166 1	1.1	55.29	0.166 0	1.1	55.30	0.166 0	1.1	55.29	0.166 0	1.1
57.22	0.160 9	0.2	210	57.19	0.160 9	0.2	57.19	0.160 9	0.2	57.21	0.160 9	0.2	57.19	0.160 9	0.2
59.94	0.154 2	7.1	211	59.91	0.154 2	6.6	59.91	0.154 4	6.4	59.93	0.154 3	6.4	59.91	0.154 3	6.4
64.02	0.145 3	1.4	113	3.99	0.145 4	1.2	63.99	0.145 4	1.2	64.01	0.145 4	1.1	63.99	0.145 4	1.2
65.77	0.141 9	0.3	300	65.73	0.142 0	0.3	65.73	0.142 0	0.3	65.76	0.141 9	0.3	65.76	0.141 9	0.3
67.73	0.138 2	4.1	212	67.70	0.138 3	3.9	67.70	0.138 3	3.6	67.72	0.138 3	3.6	67.70	0.138 3	3.7
68.13	0.137 5	5.2	023	68.11	0.137 6	5.2	68.11	0.137 6	4.5	68.12	0.137 5	4.4	68.11	0.137 6	4.8
68.29	0.137 2	5.4	301	68.28	0.137 3	5.2	68.28	0.137 3	4.6	68.29	0.137 2	4.4	68.28	0.137 3	5.0

新疆塔玉 XINJIANG TAYU

续表 4−1

α-石英(PDF 46-1045)		hkl	TQ-11			TQ-12			TQ-15			TQ-16		
$2\theta/°$	d/nm	$I/\%$		$2\theta/°$	d/nm	$I/\%$	$2\theta/°$	d/nm	$I/\%$	$2\theta/°$	d/nm	$I/\%$	$2\theta/°$	d/nm	$I/\%$
20.85	0.4256	21.0	100	20.83	0.4261	21.5	20.81	0.4265	22.4	20.85	0.4257	20.1	20.85	0.4257	20.9
26.63	0.3344	100.0	101	26.62	0.3345	100.0	26.59	0.3350	100.0	26.63	0.3345	100.0	26.63	0.3345	100.0
36.54	0.2457	6.5	110	36.53	0.2458	7.4	36.49	0.2461	7.1	36.53	0.2458	7.1	36.53	0.2458	7.1
39.46	0.2282	6.6	012	39.44	0.2283	6.3	39.41	0.2284	5.9	39.44	0.2283	5.1	39.44	0.2283	5.6
40.28	0.2237	2.9	111	40.26	0.2238	3.4	40.24	0.2239	3.0	40.29	0.2237	2.7	40.29	0.2237	3.0
42.44	0.2128	4.5	200	42.43	0.2129	4.9	42.40	0.2130	4.7	42.44	0.2128	4.5	42.44	0.2128	4.5
45.78	0.1980	2.6	021	45.77	0.1981	3.3	45.74	0.1982	2.9	45.77	0.1981	2.9	45.77	0.1981	2.9
50.13	0.1818	10.8	112	50.12	0.1819	10.9	50.09	0.1820	10.0	50.12	0.1818	10.0	50.12	0.1819	10.0
50.61	0.1802	0.3	003	50.59	0.1803	0.2	50.55	0.1804	0.2	50.59	0.1803	0.2	50.59	0.1803	0.2
54.86	0.1672	3.3	202	54.84	0.1673	3.4	54.81	0.1673	2.9	54.85	0.1672	3.1	54.85	0.1672	3.0
55.32	0.1659	1.3	103	55.30	0.1660	1.2	55.27	0.1661	1.1	55.31	0.1660	1.1	55.30	0.1660	1.1
57.22	0.1609	0.2	210	57.21	0.1609	0.2	57.19	0.1609	0.2	57.22	0.1609	0.2	57.21	0.1609	0.1
59.94	0.1542	7.1	211	59.93	0.1542	8.0	59.91	0.1543	6.7	59.93	0.1542	6.8	59.93	0.1542	6.7
64.02	0.1453	1.4	113	64.01	0.1453	1.3	63.98	0.1454	1.2	64.02	0.1453	1.2	64.02	0.1453	1.1
65.77	0.1419	0.3	300	65.76	0.1419	0.4	65.73	0.1420	0.3	65.77	0.1419	0.3	65.76	0.1419	0.3
67.73	0.1382	4.1	212	67.71	0.1383	4.7	67.70	0.1383	3.8	67.72	0.1383	4.0	67.72	0.1383	4.0
68.13	0.1375	5.2	023	68.11	0.1376	5.5	68.09	0.1376	4.8	68.12	0.1375	4.7	68.12	0.1375	4.9
68.29	0.1372	5.4	301	68.28	0.1373	5.6	68.26	0.1373	4.9	68.30	0.1372	4.9	68.28	0.1373	4.8

为了研究新疆塔玉的主要组成矿物α-石英的内部结构基团振动模式,对16个样品的中红外吸收光谱(即"指纹区")进行测试,讨论α-石英振动谱带与振动模式、化学键之间的关系。测试单位:同济大学宝石及工艺材料实验室和上海宝石及材料工艺工程技术研究中心;测试仪器:德国 BRUKER OPTICS 公司生产的 TENSOR 27 傅里叶变换红外光谱仪(图4-3);测试条件:光片反射法,测试范围为 $400\sim4000cm^{-1}$,光阑为5mm,扫描速度为10kHz,分辨率为 $4cm^{-1}$,扫描次数为32。首先利用镜反射附件采集反射光谱,并应用 Kramers-Kronig 变换校正异常色散造成的谱带差异,获得红外吸收光谱。

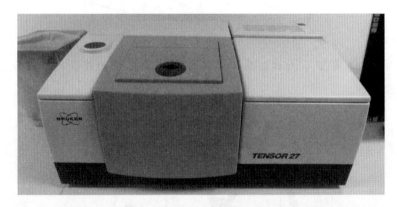

图4-3 TENSOR 27 傅里叶变换红外光谱仪
(同济大学宝石及工艺材料实验室,上海宝石及材料工艺工程技术研究中心)

二、测试结果与分析

石英族矿物同质多象变体众多,红外光谱特征大体相似,但由于 SiO_2 结晶度、对称性和配位数不同,其谱带数目、频率、带宽、相对强度以及分裂程度存在一定差异。作为石英族矿物的代表,α-石英呈典型的架状结构,硅呈四次配位,同氧构成[SiO_4]四面体,四面体以角顶相连,在 c 轴方向上作螺旋形排列。硅氧四面体群沿螺旋轴 3_2 或 3_1 所作顺时针或逆时针旋转而分为左形或右形(王濮等,1984;Talebian et al,2012)(图4-4,图4-5)。

测试结果(图4-6)表明,新疆塔县16个石英岩玉样品或同一样品不同颜色部位的中红外吸收谱特征一致,均表现为α-石英中[SiO_4]四面体基团的振动特点。其中,$1081cm^{-1}$ 处强吸收谱带和 $1165cm^{-1}$ 处弱吸收谱带为 Si-O

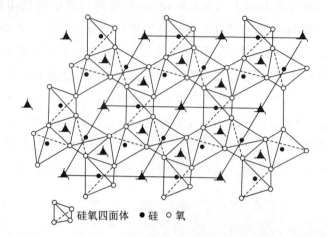

图4-4 α-石英(P_{3_121}结构左旋)的晶体结构在(0001)上的投影(据王濮等,1984)

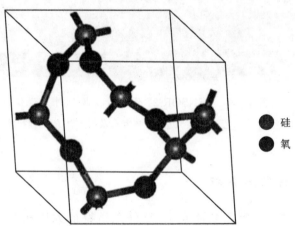

图4-5 α-石英的三维晶体结构图(据Talebian et al,2012)

非对称伸缩振动所致;802cm^{-1}、785cm^{-1}处锐分裂双谱带及696cm^{-1}处弱吸收谱带为Si-O-Si对称伸缩振动所致 536cm^{-1}、485cm^{-1}、436cm^{-1}及402cm^{-1}处吸收谱带为Si-O弯曲振动所致(闻辂,1989)。罗跃平和王春生(2015)指出,石英岩玉的红外反射光谱在801cm^{-1}和778cm^{-1}处(即红外吸收光谱的802cm^{-1}和785cm^{-1}处)存在明显的分裂,可以作为区分于隐晶质玉髓(玛瑙)的重要指标。因此,所测试的16个塔玉样品的中红外吸收光谱主要符

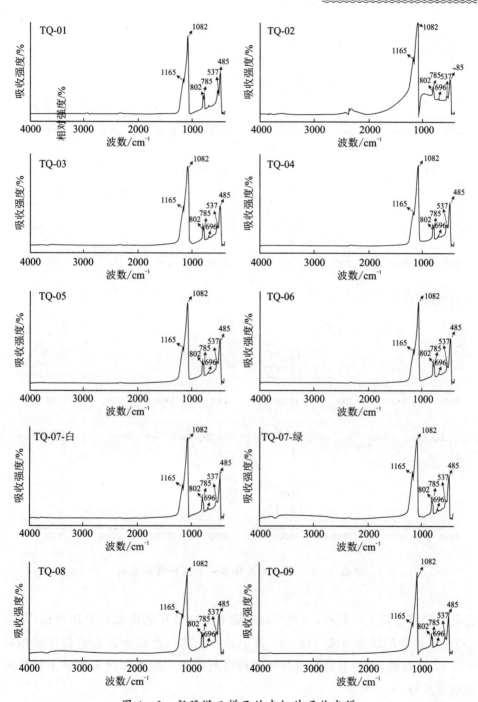

图 4-6 新疆塔玉样品的中红外吸收光谱

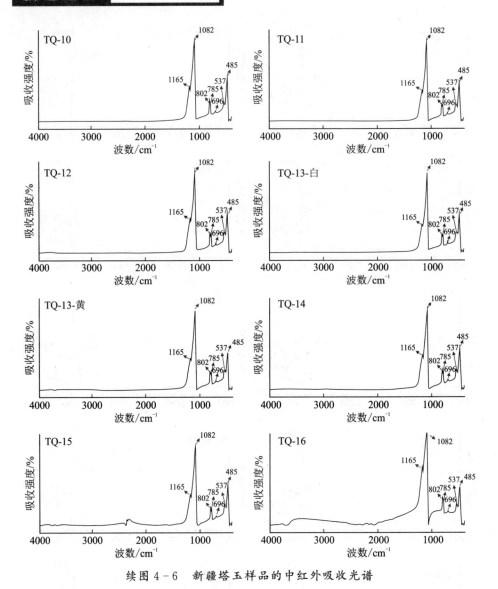

续图4-6 新疆塔玉样品的中红外吸收光谱

合石英岩玉的特点。此外，未见样品中含有的次要矿物所致红外吸收谱带（如TQ-07绿中的绿帘石或TQ-13黄中的针铁矿），推测为次要矿物含量相对于α-石英较低，为后者特征红外吸收谱带所掩盖或次要矿物未出露于样品测试表面所致。

第三节　激光拉曼光谱

一、测试原理与方法

拉曼光谱是一种分子散射光谱。当一束单色光入射到物质以后,光子与分子相互作用时可发生弹性碰撞和非弹性碰撞。在非弹性碰撞过程中,光子与分子之间发生能量交换,光子的运动方向和频率均发生改变,这种散射过程称为拉曼散射。光子的入射频率与散射频率之差即为拉曼位移。拉曼谱峰的位置(即拉曼位移的大小)、数目、强度主要取决于物质分子振动和转动的固有频率。因此,作为一种红外吸收光谱互补技术,拉曼光谱为宝玉石鉴定工作者提供了一种用以研究宝玉石中分子成分、分子配位体结构、分子基团结构单元、矿物中离子的有序—无序占位等快速、有效、无损的检测手段。

为了进一步研究新疆塔玉的矿物组成以及主要、次要组成矿物的分子结构,在室温下对 16 个塔玉样品 TQ-01~TQ-16 进行激光拉曼光谱分析测试和研究。测试单位:同济大学宝石及工艺材料实验室和上海宝石及材料工艺工程技术研究中心,测试仪器:法国 Horiba LabRAM HR Evolution 型激光拉曼光谱仪(图 4-7),测试条件为采用 Nd:YAG 532nm 激光器,功率 50mW,光栅刻线密度 600gr·mm^{-1},空间分辨率约 $1\mu m$,扫描时间 8s,叠加次数 5 次,扫描范围 100~4000cm^{-1}。测试金属矿物时降低功率、扫描时间和扫描次数,避免物相发生转变。

二、测试结果与分析

新疆塔玉样品的主要组成矿物 α-石英属三方晶系,空间群为 $P_{3,21}$,单位晶胞内分布有 3 个 Si 和 6 个 O 原子,自由度为 27。在 24 个光学振动模式中,具有拉曼活性的为 4 个 A_1 和 8 个二重简并的 E;此外,受晶体内部库伦力作用影响,E 模可发生分裂,出现分别平行和垂直于样品表面振动的横光学模 LO 和纵光学模 TO(Scott and Porto,1967;Etchepare,1974;Briggs and Ramdas,1977;Liu et al,2015)。测试结果(图 4-8 和表 4-2)表明,样品主要表现为 100~300cm^{-1}、350~550cm^{-1}、650~850cm^{-1} 和 1000~1300cm^{-1} 范围内 4 组强弱不一的拉曼谱峰。其中,465cm^{-1} 附近最强谱峰、356cm^{-1} 和 511cm^{-1}

图 4-7 Horiba LabRAM HR Evolution 型激光拉曼光谱仪
（同济大学宝石及工艺材料实验室和上海宝石及材料工艺工程技术研究中心）

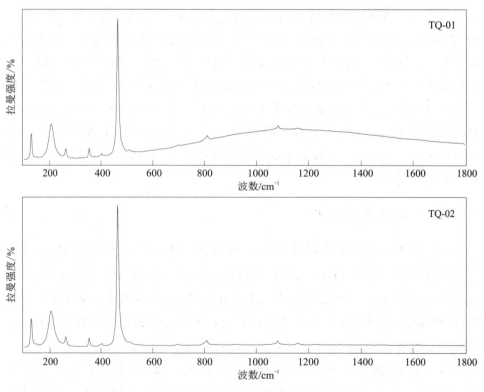

图 4-8 新疆塔玉样品中 α-石英的拉曼光谱

第四章 矿物谱学

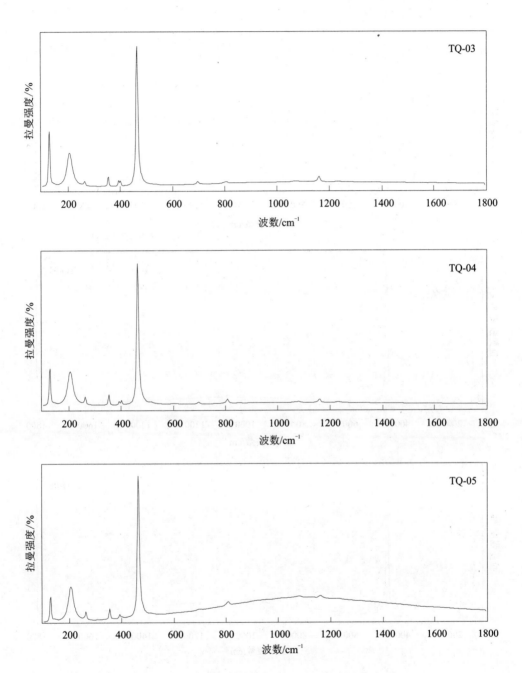

续图 4-8　新疆塔玉样品中 α-石英的拉曼光谱

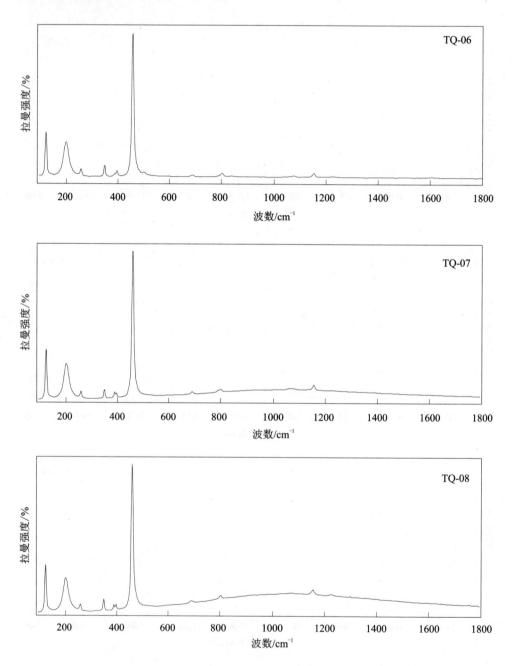

续图 4-8 新疆塔玉样品中 α-石英的拉曼光谱

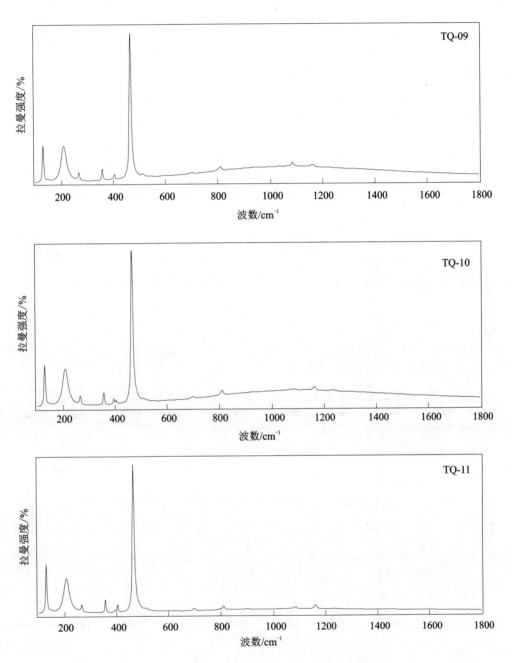

续图 4-8 新疆塔玉样品中 α-石英的拉曼光谱

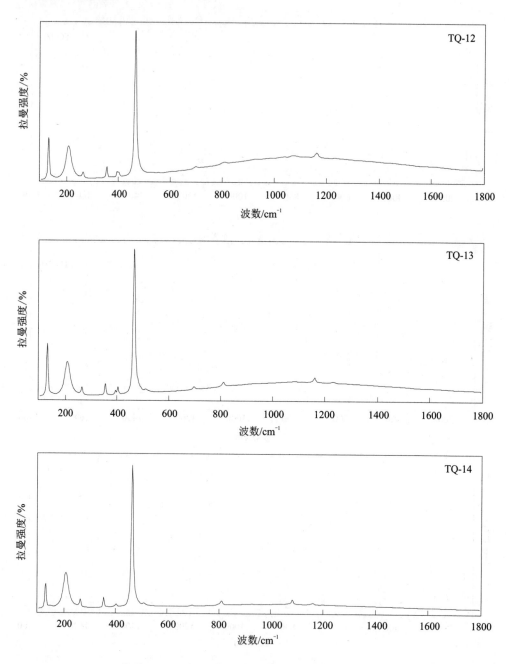

续图 4-8 新疆塔玉样品中 α-石英的拉曼光谱

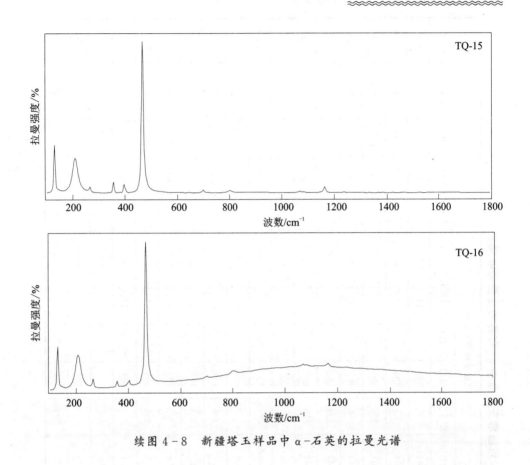

续图 4-8　新疆塔玉样品中 α-石英的拉曼光谱

附近弱谱峰以及 400cm^{-1} 附近分裂双峰为 Si-O 弯曲振动所致；699cm^{-1} 附近弱谱峰和 800cm^{-1} 附近分裂双峰为 Si-O-Si 对称伸缩振动所致；1068cm^{-1}、1083cm^{-1}、1158cm^{-1} 和 1240cm^{-1} 附近弱谱峰为 Si-O 非对称伸缩振动所致；129cm^{-1}、207cm^{-1} 和 264cm^{-1} 附近谱峰与[SiO$_4$]基团的转动或平动有关(Etchepare,1974;Liu et al,2015)。

同时,对样品 TQ-02、TQ-07、TQ-08、TQ-10、TQ-11、TQ-15 以及 TQ-16 中的次要矿物进行了拉曼光谱测试。测试结果(图 4-9)进一步验证了塔玉样品中白云石、绿帘石、斜绿泥石、黄铁矿、黄铜矿和赤铁矿的存在。其中,白云石[图 4-9(a)谱线]的拉曼谱峰主要位于 1098cm^{-1}、1444cm^{-1}、726cm^{-1} 以及 300cm^{-1}、340cm^{-1}、176cm^{-1} 处,分别为[CO$_3$]$^{2-}$ 基团的对称、非对称伸缩振动、面内弯曲振动及晶格振动所致(闻辂,1988)。绿帘石[图 4-9

新疆塔玉 XINJIANG TAYU

表 4-2 新疆塔玉样品中 α-石英的拉曼谱峰频率

拉曼谱峰频率/cm^{-1}

样品	A$_1$	A$_1$	A$_1$	A$_1$	E(TO+LO)	E(TO)	E(LO)	E(TO)	E(LO)	E(TO+LO)	E(TO)	E(LO)	E(TO+LO)	E(TO+LO)	E(LO)
TQ-01	207	356	465	1083	129	264		402		511	699		809	1158	1240
TQ-02	205	356	464	1082	127	264		404		511	697		808	1068	1160	1234
TQ-03	207	356	465	1078	129	264	395	402			698		805	1074	1162	1231
TQ-04	207	356	465	1083	129	265	395	403		512	697		808		1160	1231
TQ-05	207	356	465	1082	129	264	393	404			696		809		1162	1233
TQ-06	207	356	463	1080	127	264	395	403		509	697		809		1160	1231
TQ-07	207	356	465	1082	128	266	395	402			697	800	807	1070	161	1234
TQ-08	207	356	465	1078	129	265	395	404			697		810		1161	1231
TQ-09	209	357	467	1085	129	266	395	404		511	699		810	1066	1160	
TQ-10	209	356	465	1083	129	266	395	404		509	697		810	1071	1163	1233
TQ-11	207	356	465	1083	129	266	395	404		511	699		810	1068	1161	1233
TQ-12	207	357	467		129	266	395	403			699		809	1073	1163	
TQ-13	207	356	465	1085	129	266	395	403		511	698		810		1161	1233
TQ-14	207	356	465	1083	129	264	396	404		511	697		809		1160	
TQ-15	209	357	467	1083	130	266		404			699	800		1068	1163	1237
TQ-16	208	357	467	1083	130	266		403			699	800	809	1070	1163	1233
α-quartz	205	354	464	1081	128	263	393	403	450	509	695	796		1064	1160	1231

引自 Briggsand Ramdas，1977。

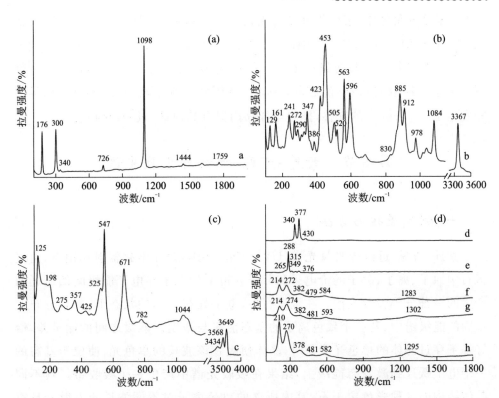

图4-9 新疆塔玉样品中次要矿物的拉曼光谱

(a)a为白云石(TQ-02);(b)b为绿帘石(TQ-04);(c)c为斜绿泥石(TQ-10);
(d)d为黄铁矿(TQ-15),e为黄铜矿(TQ-15),f为赤铁矿(TQ-08),g为赤铁矿
(TQ-11),h为赤铁矿(TQ-16)

(b)谱线]的拉曼光谱主要表现为具有$[SiO_4]$、$[Si_2O_7]$、M-O 及 M-OH 基团振动特点,563cm^{-1}、596cm^{-1}、830cm^{-1}、885cm^{-1} 和 978cm^{-1} 处谱峰为 Si-O 振动所致,423cm^{-1} 处谱峰为 Si-O-Si 弯曲振动所致,347cm^{-1}、386cm^{-1}、453cm^{-1}、505cm^{-1} 处谱峰为 M-O(M 为 Al^{3+} 和/或 Fe^{3+})振动所致,3367cm^{-1} 处锐谱峰归属于 OH 伸缩振动(Qin et al,2016)。斜绿泥石[图4-9(c)中 c 谱线]的拉曼谱峰主要位于 547cm^{-1}、671cm^{-1} 和 3649cm^{-1}、3568cm^{-1}、3434cm^{-1} 处,分别归属于 Si-O-Si、Mg-O-OH 和 OH 伸缩振动(Czaja et al,2014)。黄铁矿[图4-9(d)中 d 谱线]的拉曼谱峰位于 340cm^{-1}、377cm^{-1} 及 430cm^{-1} 处,分别由 Fe-$[S_2]^{2-}$ 变形振动、Fe-$[S_2]^{2-}$ 伸缩振动和 S-S 伸缩振动所致(安燕飞等,2016)。黄铜矿[图4-9(d)中 e 谱线]在 288cm^{-1} 处最强拉曼谱峰

为 S^{2-} 振动的角频率(袁学银和郑海飞,2014)。赤铁矿[图 4-9(d)中 f~h 谱线]在 $210\sim214cm^{-1}$、$479\sim481cm^{-1}$ 和 $270\sim274cm^{-1}$、$378\sim382cm^{-1}$、$582\sim593cm^{-1}$ 处的拉曼谱峰分别属于 A_{1g} 和 E_g 振动模式,$1283\sim1303cm^{-1}$ 处宽峰属于声子二次散射振动(沈红霞,2009);且谱峰位置相较于 $\alpha-Fe_2O_3$ 标准谱峰发生 $10\sim35cm^{-1}$ 的红移,推测与样品内混有其他铁(氢)氧化物有关。

第四节 紫外-可见-近红外吸收光谱

一、测试原理与方法

紫外-可见-近红外吸收光谱(UV-Vis-NIR)是在电磁辐射作用下,由宝玉石中原子、离子、分子的价电子和分子轨道上的电子在电子能级间的跃迁而产生的一种分子吸收光谱。在宝玉石中,电子处在不同的状态下,并且分布在不同的能级组中,若一个致色离子的基态能级与激发态能级之间的能量差,恰好等于穿过晶体的单色光能量时,晶体便吸收该波长的单色光,使位于基态的一个电子跃迁到激发态能级上,结果在吸收光谱中产生一个吸收带。具不同晶体结构的各种彩色宝玉石,其内所含的致色离子对不同波长的入射光具有不同程度的选择性吸收,在吸收光谱的不同位置出现强度、宽窄不一的吸收带,吸收带的特征可以反映致色离子的种类和数量。常见的吸收光谱类型包括过渡金属离子的 d 电子在不同 d 轨道能级间的跃迁(d-d 电子跃迁吸收光谱)、镧系元素离子的 f 电子在不同 f 轨道能级间的跃迁(f-f 电子跃迁吸收光谱)以及发生在金属中心离子与配位体之间的电荷转移(迁移)吸收光谱。目前,紫外-可见-近红外吸收光谱在宝玉石颜色成因研究领域得到了广泛的应用。

为了研究不同颜色的新疆塔玉中所含的致色离子及颜色成因,对新疆塔玉白色区域(样品 TQ-01)、绿色区域(样品 TQ-07)、黄色区域(样品 TQ-08、TQ-09、TQ-11~TQ-14)及褐红色区域(样品 TQ-16)进行紫外-可见-近红外吸收光谱分析测试和研究。测试单位:同济大学宝石及工艺材料实验室和上海宝石及材料工艺工程技术研究中心,测试仪器:广州标旗 GEM-3000 型珠宝检测仪(图 4-10),测试条件:分辨率为 1nm,积分时间为 180ms,平均次数为 20,平滑度为 1,扫描范围为 250~1000nm。利用 Origin 软件对黄色样品的吸收光谱进行一阶求导处理。

第四章 矿物谱学

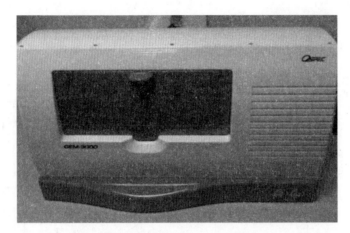

图 4-10 广州标旗 GEM-3000 型珠宝检测仪
（同济大学宝石及工艺材料实验室、上海宝石及材料工艺工程技术研究中心）

二、测试结果与分析

由前文的电子探针分析测试可知，新疆塔玉样品中所含的致色金属元素主要为 Fe，因此，UV-Vis-NIR 谱主要与 Fe^{3+} 和 Fe^{2+} 的赋存形式有关。

过渡金属离子 Fe^{3+} 的电子组态为 $3d^5$，基态谱项 ^6S 在任何对称场中仅形成唯一的六重谱项 $^6A_1$，激发态谱项包括四重谱项（^4G、^4F、^4D、^4P）和二重谱项（^2I、^2H、^2G、^2F、^2D、^2P、^2S）。由基态六重谱项 $^6S(^6A_1)$ 到二重谱项的跃迁进一步被禁止，因为这时自旋量子数变化为 2。实际上能观察到的跃迁通常是六重谱项到四重谱项的跃迁（图 4-11）。在八面体场中，自 $^6S(^6A_1)$ 向其他能级的跃迁都被自旋多重性选率所禁戒，只能产生禁戒跃迁，出现较弱的吸收带。几个主要的激发态能级中，电子由基态能级向 $^4E(^4D)$ 和 $^4G(^4E+^4A_1)$ 这两个能级跃迁时不受晶体场影响。

过渡金属离子 Fe^{2+} 的电子组态为 $3d^6$，基态谱项为 ^5D，激发态谱项包括三重谱项（^3H、^3P、^3F、^3G、^3D）的和一重谱项（^1I、^1D）。在八面体场中，^5D 谱项进一步分裂为基态能级 $^5T_{2g}$ 和激发态能级 ^5E_g 两个能级组（图 4-12）。因此，$^5T_{2g} \rightarrow {}^5E_g$ 跃迁是 Fe^{2+} 在八面体场中唯一允许的跃迁，在可见光至近红外光区产生一个宽而强的吸收带。

新疆塔玉白色样品（TQ-01）的 UV-Vis-NIR 谱（图 4-13）主要表现为

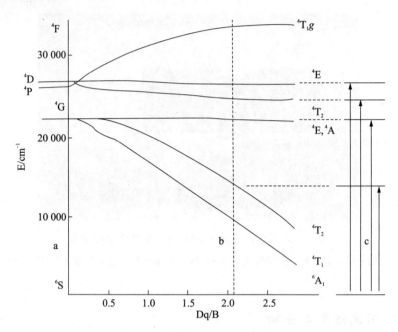

图 4-11　Fe^{3+}（$3d^5$ 组态）能级图（Tanabe-Sugano 图）

a. Fe^{3+} 自由离子谱项；b. $3d^5$ 组态能级图（c/b=4.99）；c. Dq=1470cm^{-1} 能级位置

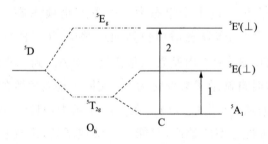

图 4-12　Fe^{2+}（$3d^6$ 组态）能级分裂图

紫外区域 268nm 处的强吸收，为 O^{2-}-Fe^{3+} 电荷转移所致。

新疆塔玉样品绿色区域（TQ-07）的 UV-Vis-NIR 谱（图 4-14）主要受绿帘石矿物晶体结构中的 Fe^{3+} 和 Fe^{2+} 影响，致色元素离子对可见光选择性吸收后的残余能量组合构成了绿帘石的绿色调。其中，可见光区域内 403nm、455nm 和 470nm 处的吸收峰分别归属于八面体场中 Fe^{3+} 的 $^6A_{1g}$ → $^4E_g(^4D)$、$^6A_{1g}$→$^4T_{2g}(^4D)$ 和 $^6A_{1g}$→$^4E_g+^4A_{1g}(^4G)$ 六重—四重 d-d 自旋禁戒跃

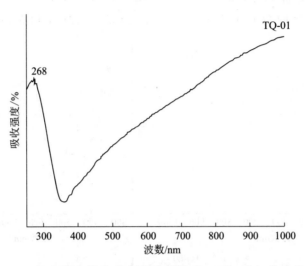

图 4-13 新疆塔玉样品白色区域的紫外-可见-近红外吸收光谱

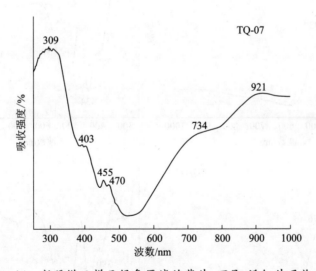

图 4-14 新疆塔玉样品绿色区域的紫外-可见-近红外吸收光谱

迁;309nm 处的吸收峰为 $O^{2-}-Fe^{3+}$ 电荷转移所致,以 734nm 和 921nm 为中心的吸收宽峰则分别与 Fe^{3+} 的 $^6A_{1g} \rightarrow {}^4T_{2g}({}^4G)$ 跃迁、Fe^{2+} —Fe^{3+} 电荷转移和 Fe^{2+} 的 $^5T_{2g} \rightarrow {}^5E_g({}^5D)$ d-d 跃迁、Fe^{3+} 的 $^6A_{1g} \rightarrow {}^4T_{1g}({}^4G)$ 跃迁有关(马尔福宁,1984)。

新疆塔玉样品黄色(图 4-15 左)和褐红色(图 4-16 左)区域 UV-Vis-NIR 谱的主要吸收分别位于 351~369nm、465~476nm 和 546nm 处,其一阶

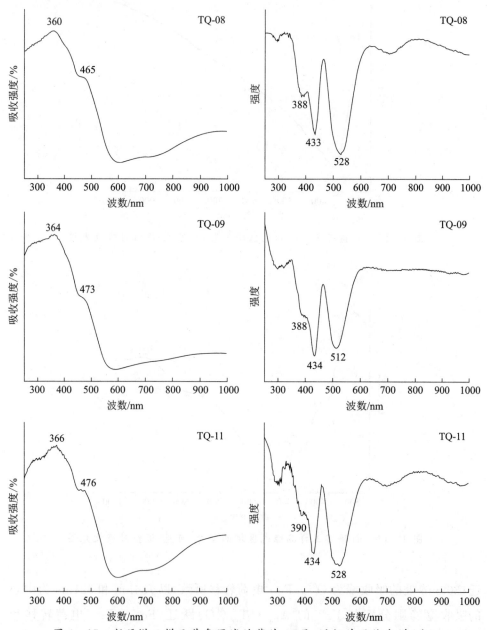

图 4-15 新疆塔玉样品黄色区域的紫外-可见-近红外吸收光谱(左)及一阶导数光谱(右)

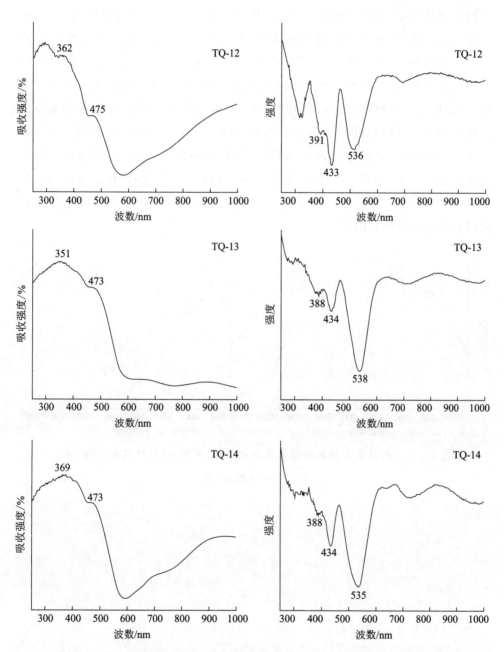

续图 4-15　新疆塔玉样品黄色区域的紫外-可见-近红外吸收光谱(左)及一阶导数光谱(右)

导数光谱如图4-15右和图4-16右所示。张勇等(2016)研究指出,针铁矿UV-Vis一阶导数光谱的特征峰是位于535~545nm之间的主峰并伴有435nm次级峰,赤铁矿是位于555~595nm之间的主峰,二者以纳—微尺度赋存于石英颗粒间隙或裂隙中,分别导致石英质玉石呈现黄色调或红色调。因此,新疆塔玉样品褐红色区域具有的591nm处特征峰表明其致色矿物主要为赤铁矿;黄色区域具有的433~434nm和512~538nm处特征峰表明其致色矿物主要为针铁矿,且前者峰位相对稳定,后者则随样品颜色明度、饱和度的提高逐渐由512nm(TQ-09)红移至538nm(TQ-13)。此外,样品TQ-08和TQ-11中含有的少量赤铁矿[图4-9(d)中f~g谱线]也是造成其特征峰相对红移(528nm)的原因之一。

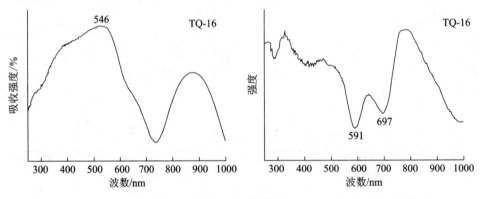

图4-16 新疆塔玉样品褐红色区域的紫外-可见-近红外吸收光谱(左)及一阶导数光谱(右)

第五章 名称与分类

第一节 名 称

　　玉石名称就是身份证,是开发者与消费者、消费者与消费者之间沟通的基础,也是开发者、经营者诚信的基本体现,因此,为新发现玉石科学确定名称至关重要。国家标准《珠宝玉石名称》(GB/T 16552—2017)规定:①珠宝玉石基本名称为珠宝玉石品种的矿物学、岩石学、材料学及传统宝石学名称;②天然玉石的定名应直接使用天然玉石基本名称或其矿物(岩石)名称,其后可附加"玉"字;带有地名的天然玉石基本名称,不具有产地含义;③珠宝玉石商贸名称为珠宝玉石流通领域中,被广泛使用和普遍认可的珠宝玉石基本名称以外的其他名称,如地方标准等涉及的珠宝玉石别称;④珠宝玉石的商贸名称不应单独使用,可在相关质量文件中附注商贸名称。

　　2017 年 7 月 31 日,国家标准化管理委员会正式发布国家标准《石英质玉分类与定名》(GB/T 34098—2017),该标准进一步细化了石英质玉的定义、鉴定特征、分类和命名,规定:①石英质玉基本名称指石英质玉品种的矿物学、岩石学、材料学及传统宝石学名称,是石英质玉命名时必须使用的、用于区别不同品种的名称;②石英质玉商贸名称指除石英质玉基本名称外,珠宝玉石流通领域中被广泛使用和普遍认可的石英质玉的其他名称,如地方标准等涉及的石英质玉别称;③石英质玉的定名规则和表示方法主要有两种,一是采用石英质玉基本名称单独定名,并应在相关质量文件中的显著位置予以明示,二是采用石英质玉基本名称和石英质玉商贸名称共同定名,且石英质玉的商贸名称不应单独使用,可在相关质量文件中附注说明"商贸名称:×××";④按照矿物成分、结构和外观特征,石英质玉分为 3 大类、7 个品种,分别为显晶质石英岩玉(石英岩玉)、隐晶质石英岩玉(玉髓、玛瑙、碧石)和具有二氧化硅交代假象的石英质玉(木变石、硅化木、硅化珊瑚)(表 5-1)。

表 5-1 石英质玉分类与基本名称对照表

基本名称	类别	品种/基本名称	
石英质玉	显晶质石英质玉	石英岩玉	
	隐晶质石英质玉	玉髓	
		玛瑙	
		碧石	
	具有二氧化硅交代假象的石英质玉	硅化玉	木变石
			硅化木
			硅化珊瑚

注:据《石英质玉分类与定名》(GB/T 34098—2017)。

同时,国家标准《石英质玉分类与定名》(GB/T 34098—2017)和《珠宝玉石鉴定》(GB/T 16553—2017)分别对石英质玉中不同品种的定义和鉴定特征进行了详细说明。其中,《石英质玉分类与定名》(GB/T 34098—2017)规定,石英岩玉指的是透明—不透明、质地致密的显晶质石英集合体,通常石英粒径大小为 0.02~2mm,可含有少量赤铁矿、针铁矿、云母、高岭石等,粒状结构,常见颜色为黄色、红色、白色、绿色、黑色等,抛光面常呈玻璃光泽,断面常呈油脂光泽、蜡状光泽。《珠宝玉石鉴定》(GB/T 16553—2017)进一步规定,石英岩玉的莫氏硬度值为 6~7,密度值为 2.64~2.71g·cm^{-3},可高达 2.95g·cm^{-3},折射率值为 1.544~1.553,点测法常为 1.54,紫外荧光通常为惰性(表 5-2)。

将项目综合研究结果中新疆塔玉的各项宝石学、岩石矿物学性质与国家标准《珠宝玉石鉴定》(GB/T 16553—2017)和《石英质玉分类和命名》(GB/T 34098—2017)中针对石英岩玉的相关规定进行比较可知,新疆塔玉的主要矿物组成、显微结构、颜色、光泽、折射率、硬度、密度和紫外荧光等特征均与石英岩玉相符(表 5-2)。因此,依照现行国家标准,对于产于塔县大同乡一带的以石英为主要矿物组成的"玉",其宝石学分类为"石英质玉"中的"石英岩玉",基本学术名称为"石英质玉"或"石英岩玉"。在进行推广时,可以采用"基本名称"和"商业名称"共同命名的"二名法",即"石英岩玉(塔玉)"或"塔玉(石英岩玉)"。这样既能与国家标准以及国际惯例接轨,服务并规范市场,又能展现地方特色,体现文化内涵,同时推动地方经济发展(陈华等,2015)。

表 5-2 新疆塔玉基本特征与国家标准对比

基本特征	新疆塔玉	石英岩玉	
		GB/T 16553—2017	GB/T 34098—2017
主要矿物组成	石英	石英	石英
主要化学成分	SiO$_2$	SiO$_2$	SiO$_2$
结晶状态	显晶质集合体,粒状结构	显晶质集合体,粒状结构	显晶质集合体,粒状结构
颜色	常见白、青、绿、黄、灰褐、褐红、黑褐色	常见绿、灰、黄、褐、橙红、白、蓝色	常见黄、红、白、绿、黑色等
光泽	玻璃-弱油脂光泽	玻璃-油脂光泽	玻璃-油脂-蜡状光泽
摩氏硬度	6~7	6~7	6~7
密度	2.63~2.65g·cm^{-3}	2.64~2.71g·cm^{-3}	—
折射率	1.54~1.55	点测法常为1.54	—
紫外荧光	无	无	无

第二节 品种分类

通过宝石学、矿物学和矿物谱学研究可知,塔玉指主要产于塔县,以石英(SiO$_2$)为主要组成的显晶质矿物集合体,具粒状变晶结构,可含有少量绿帘石、白云石、斜绿泥石、榍石、钾长石、黄铁矿、赤铁矿、针铁矿等次要矿物,常见白、灰白、青白、黄白、青绿、黄、灰褐、褐紫、褐红、黑褐等色调。新疆塔玉丰富多彩的颜色正是由其内部含有的各类次要矿物所决定的。因此,按照主要矿物、次要矿物、颜色及致色原因、质地、透明度等特征,可将新疆塔玉划分为6个基本品种。

一、塔白

塔白的主要矿物组成为石英,基本不含或仅含极少量次要矿物,化学成分较纯,主要为 SiO$_2$,TFeO 含量一般低于 0.02%。整体具细粒变晶结构,颜色以白色、灰白色为主,可略泛青、黄色调。质地细腻,半透明—微透明,油脂—

玻璃光泽。塔白的产量在塔玉中占比约15%,优质塔白的外观与和田玉相似,油性颇佳,适合雕刻制作各类摆件、器皿件、挂件、珠串、手镯等(图5-1)。

从光学角度,白色是一种最具包容性的颜色,因此被最广泛的人群喜爱。白色象证着圣洁、优雅、纯洁和吉利,尤如藏族同胞的哈达。看见白色人们总是愿意赋予她美好的意像。白色还是儒家严格规定中的"正色"之一,不可替代;道家也喜爱白色,传说老子生下来就是白须白眉,太极图分白、黑两色,道士们一般足穿白袜,这为塔白的利用奠定了基础。

图5-1 塔白

二、塔翠

塔翠的主要矿物组成为石英,次要矿物主要为绿帘石,可占玉石总矿物组成的15%以上。整体具细粒变晶结构,青绿色绿帘石在石英集合体中呈丝脉状、定向—弱定向或不均匀分布,是新疆塔玉呈现青绿色的主要原因。质地细腻,半透明—微透明,玻璃光泽。由绿帘石致色的塔翠目前仅发现于新疆塔县,且其产量巨大,占总产量的65%以上,特别适合雕刻制作大型器皿件、摆件或手镯、手把件、珠串等各类工艺品(图5-2)。

图5-2 塔翠

第五章 名称与分类

绿色是自然界中常见的颜色,是旺盛生命力的体现,象征清新、希望、安全、平静、舒适、生命、和平、宁静、自然、环保、生机、青春、放松等。利用塔翠制作精美饰品,将会受到各年龄段人们的喜爱。

三、塔黄

塔黄的主要矿物组成为石英,次要矿物主要为赋存于石英颗粒间隙及裂隙内的纳-微米级细小铁质氢氧化物(如针铁矿等),也是塔黄的主要呈色原因。整体具细粒变晶结构,颜色呈淡黄、黄、橙黄、褐黄等色调不均匀分布。质地细腻—较细腻,半透明—微透明,油脂—玻璃光泽。塔黄的产量在塔玉中占比约10%,因其外观具细腻、油润等特点,适合雕刻制作精美的手把件、挂件等(图5-3)。

图5-3 塔黄

黄色一直是高贵的颜色,也是历代皇家御用而平民百姓禁用之色。黄色给人轻盈、灿烂、温暖、充满希望的印象。画家梵高的向日葵为什么那样受欢迎?我们想,他不停地用大片的金黄色来描绘他看到的一切,其实只是因为他想追求一种存在的感觉。作为一个艺术家,不断的失败让他失去了存在的理由,可作为一个热爱生命的人,他在努力为自己争取更多的存在感。塔黄的象征意义为其开发利用营造出了广阔的空间。

四、塔紫

塔紫的主要矿物组成为石英,次要矿物主要为赋存于石英颗粒间隙及裂隙内的纳-微米级细小铁质氧化物及氢氧化物(如赤铁矿、针铁矿等),同时也是塔紫的主要呈色原因。整体具细粒变晶结构,褐紫、灰紫等色调不均匀分布,局部可呈褐红、橙红色。质地较细腻,半透明—微透明,油脂—玻璃光泽。塔紫的产量相对较小,约占3%,且多与塔白、塔翠、塔黄等其他品种塔玉共生,整块大料少见,因此常雕刻制作为小型挂件、手把件等工艺品或出现在俏色雕刻作品之上(图5-4)。

新疆塔玉 XINJIANG TAYU

在中国传统文化中,紫色代表圣人、帝王之气,如北京故宫又称紫禁城,也有所谓紫气东来一说。紫色也是高贵的颜色,代表优雅、魅力、自傲、清冷、印象深刻,质地上乘的塔紫尤如翡翠中的紫罗兰,产品必将受到喜爱紫色人群的青睐。

图 5-4 塔紫

五、塔墨

塔墨的主要矿物组成为石英,次要矿物主要为铁的硫化物(如黄铜矿、黄铁矿等)。整体具细粒变晶结构,黑色铁硫化物在石英岩玉中呈斑点状、条带状或不均匀分布,当其新鲜面暴露于表面时则呈浅铜黄色,并具有金属光泽,是塔墨的主要呈色原因。质地细腻—较细腻,半透明—微透明,油脂—玻璃光泽。塔墨外观与和田玉中的墨玉非常相似,雕刻制作的成品颇具山水意境。产量同样相对较小,约占 2%(图 5-5)。

在中国传统文化中,黑色是与白色并用的颜色,与白色相对而生。道家阴阳八卦图表现大自然周而复始、生生不息的运动正是把黑色与白色并置在一起,由此形成黑白对比的整体效果,把它们融入到人们的审美观念中。进一步,我们对黑色的理解超越了单纯的色彩,升华到时间、空间、万物的衍生。"老庄哲学"称得上中国水墨画美学精神的本原。

图 5-5 塔墨

"运墨而五色生"理论被认为中国美学思想的开始。因此,色彩内涵丰富也使得塔墨也有广阔的开发利用空间。

第五章　名称与分类

六、塔彩

塔彩的主要矿物组成为石英,次要矿物含绿帘石、铁质氧化物、铁质氢氧化物、铁的硫化物等,整体具细粒变晶结构,白、青绿、黄、褐紫、黑等色调交织分布。质地细腻—较细腻,半透明—微透明,油脂—玻璃光泽。塔彩产量约5%,颜色丰富,和谐自然,为塔玉俏色作品的艺术创作带来较大的设计创意空间(图5-6)。

图 5-6　塔彩

实际上,我们的生活本身就是多彩的,有时候玉石的多色之美才是我们真正生活的客观反映。只要我们认真对待塔彩中多色的对比和调和,就有可能创作出色彩美丽协调,对比鲜明又调和的玉雕作品。

下 篇
开发与利用

第六章 产业环境及相关分析

为了合理开发利用新疆塔玉资源,实现经济效益和社会效益双丰收,必须对相关珠宝玉石产业的国内外环境、涉及的相关理论以及新疆塔玉开发利用可能面临的机遇与挑战等有清楚的了解。为了实现这一目标,本章对相关问题作简要讨论。

第一节 产业环境

国内外珠宝玉石市场的发展和消费者需求的变化都将是影响新疆塔玉产业发展战略与经营策略的环境因素,对于一个面向消费者的待开发产业,更是主导因素,因此,分析国内外珠宝玉石市场的发展趋势、需求特点,中国珠宝玉石特别是石英质玉石市场的现状及发展趋势等,对开发利用新疆塔玉资源,并形成可持续发展的塔玉产业具有十分重要的意义。

一、国际环境

1. 国际珠宝玉石市场发展趋势

随着全球经济一体化步伐的加快,许多发展中国家的工业化进程也明显加快,经济的快速发展将使非基本生活需求的珠宝玉石消费需求快速增长。潘晓林(2008)分析了当时国际珠宝玉石市场的发展状况,以此为基础,结合其他新成果,大致总结出国际珠宝玉石市场的如下发展趋势。

(1)市场需求多样化,款式不断更新。珠宝玉石是一种适应性很强的高档商品,流行的款式在于主题和线条的设计及所使用的珠宝玉石品种和相搭配的贵金属的品种和颜色。当今世界珠宝玉石的消费大国,依次是美国、中国、日本、英国、加拿大、瑞士和德国。由于文化的差异,各国对首饰的款式、珠宝玉石的品种、贵金属品种及颜色的爱好不同。欧美人士喜爱粗大、造型粗犷、洒脱、线条简单的几何形态,如祖母绿型、钻石型等棱角明显的款式。日本人则喜爱造型纤细、精美的款式,如腰圆型和玫瑰型等,中国人则喜爱玉石雕刻产品,如和田玉饰品、翡翠饰品等。由于自然界中高档珠宝玉石(特别是宝石)的颗粒大多均匀细小,因此市场上由高档细小珠宝玉石镶嵌制作的首饰占相当比重。在珠宝玉石品种的选择上,西方人喜爱宝石,中国人喜爱玉石,英国、日本喜爱传统的高档珠宝玉石,如钻石、红宝石、蓝宝石、祖母绿、优质翡翠等。美国除高档珠宝玉石外,中、低档的宝石,如海蓝宝石、紫晶、尖晶石、石榴子石、橄榄石亦有广泛的销路。各国镶嵌珠宝玉石所使用的贵金属也不相同,日本人喜爱白色的铂金和18K黄金,美国、德国、荷兰则喜欢14K黄金,而英国则偏重9K黄金,中国人喜爱纯黄金和纯铂金。

(2)天然珠宝玉石资源短缺,人造珠宝玉石充斥市场。天然珠宝玉石资源是世界上的稀缺资源,珠宝玉石资源的重要生产国为数不多,主要有澳大利亚、博茨瓦纳、俄罗斯和南非等地的钻石;哥伦比亚的祖母绿;缅甸的红、蓝宝石,翡翠和猫眼石;泰国、澳大利亚、斯里兰卡的蓝宝石;澳大利亚的欧泊和钻石;阿富汗的紫锂辉石和青金石;美国的电气石和绿松石;坦桑尼亚的黝帘石;巴西的紫晶、海蓝宝石、祖母绿和玛瑙;中国的各种玉石、钻石、橄榄石、萤石、蓝宝石等。由于许多矿山过量的开采,新矿床的发现速度远远低于社会需求的增加速度,而珠宝玉石资源是非再生资源,故世界范围内珠宝玉石资源短缺的问题日益突显。进入21世纪以来,特别是近年来,由于国际珠宝玉石市场需求日渐升温,价格不断攀涨,加之科学技术的发展,新技术的不断涌现,给人造或人工改善的珠宝玉石的生产提供了许多新手段、新方法,因此大量人工改善和人造的各类珠宝玉石进入市场。相关技术不断进步,许多人工珠宝玉石与天然者真假越来越难辨。人造珠宝玉石在满足市场多样化需求的同时,也给市场带来了诸多问题。

(3)珠宝玉石加工业由发达国家向发展中国家转移。20世纪60年代以前,世界珠宝玉石加工中心主要在德国和日本,由于生活水平提高,这两个国家愿意从事珠宝玉石加工的技术工人数量逐年减少。在这种形势下,泰国、印度、中国香港等地,抓住机会发展珠宝玉石加工业,收获了显著的经济成效,并形成了新的珠宝玉石加工中心。目前,在世界上形成了五大珠宝玉石加工中心。一是德国的伊达尔-奥伯斯坦,加工来自世界许多个国家和地区的珠宝玉石,拥有数以千计的加工厂,被誉为"宝石城"。二是印度的贾普尔,也拥有数以千计的加工厂，主要加工祖母绿，被誉为"祖母绿城"。三是泰国的曼谷，这里是世界上红、蓝宝石最大的加工中心。四是日本的甲府，拥有近千家珠宝玉石加工厂，主要加工较低档的宝石。五是中国的广东和香港，为世界最大的翡翠加工中心，同时加工钻石、红宝石、蓝宝石、祖母绿和各种珠宝。单就钻石而言，从第二次世界大战以来，世界逐渐形成了四大加工中心，分别是印度的孟买、以色列的特拉维夫、比利时的安特卫普和美国的纽约（郭贤才，1992）。此外，其他发展中国家利用劳动力低廉的优势，在投资少、周期短、见效快、效益高的前提下，已在努力发展本国的珠宝加工产业，相信随着时间的发展，国际珠宝玉石加工中心随时有可能发生变化。

(4) 需求和价格同步上升，市场交易活跃。珠宝玉石不仅可作为装饰品、艺术品和工艺品，在国民经济中也一定程度地起着硬通货币的作用。在一些国家，人们普遍把具有较高价值的珠宝玉石作为世代相传的财产，特别是发生经济危机和政治动荡的年代，常常把货币转换成珠宝玉石以求保值，不仅可以保值，而且便于携带，因而受到人们的珍爱。

经久不衰的珠宝玉石热，推动了国际珠宝玉石市场的繁荣，市场购买力不断提高，需求和价格不断上升。近年来，世界珠宝玉石需求量以每年 5%~10% 的幅度增加，价格则以每年 8%~12% 的速度上升。迄今为止，全球珠宝玉石市场规模逾数千亿美元，除传统的商贸交易外，世界上已形成了几个著名的珠宝玉石定期交易市场，如中国的香港、缅甸的仰光、美国的图森、哥伦比亚的波哥大等。从 1964 年起，在缅甸的仰光，每年 2 月下旬进行为期一周的珠宝玉石交易会。美国图森从 1955 年开始，每年 2 月上旬举行十几天的宝石和矿物展览会。哥伦比亚波哥大则从 1982 年宣布，每年秋季举办一次宝石交易会，主要交易珠宝玉石品种为祖母绿。另外，还有很多国家在自己的首都和著名城市进行一些不定期交易会，给人们更多机会选购到心爱的珠宝玉石。

(5) 经济发达国家仍是珠宝玉石的主要消费国，新兴市场国家珠宝玉石消费增长很快。世界珠宝玉石产地集中在发展中国家，而珠宝玉石的主要消费国目前仍是一些经济发达国家。美国仍是珠宝玉石的最大消费国，但中国居第二，其次是日本。西欧也是重要的珠宝玉石市场。以上这些市场的珠宝玉石消费占世界总量的 80% 以上。号称"首饰王国"的意大利，人均消费额居世界第一位。值得注意的是，近年来亚太地区珠宝玉石消费水平迅速提高，中国、韩国、新加坡等已成为珠宝玉石消费最大潜在市场。而且中国将发展成为世界上最大的珠宝玉石消费国。

2. 国际珠宝市场的需求特点

(1)高档珠宝玉石走俏,中档珠宝玉石畅销,低档珠宝玉石需求潜力大。在世界"环保风"的吹拂下,厌倦了城市文明的现代人开始拥抱自然,有了这样的文化背景,珠宝玉石首饰的消费潮流随即改变。凝聚着天地自然精华,闪耀着天然美妙光泽的珠宝玉石满足了人们对回归自然的渴求,使不断增产的珠宝玉石仍满足不了与日俱增的市场需要,在市场规律调节下,珠宝玉石价格频频上扬。不同档次的珠宝玉石满足世界上不同消费层次消费者的不同需求。质纯色正的高档珠宝玉石在保值与装饰两方面都出类拔萃,极具收藏和佩戴价值,为了使美丽与珍贵表现到淋漓尽致的高度,能工巧匠的精心设计与完善雕琢,再加上独一无二的款式,使它身价百倍,成为名媛贵妇和收藏家们竞相追逐的珍品。中档珠宝玉石不失身价和魅力,价格又适中,对于中产阶级来说是物有所值的最好选择,继而成为国际珠宝玉石市场上的抢手货。而低档珠宝玉石以其天然本质,缤纷的色彩和搭配,满足了年轻女性,尤其是工薪阶层人群的需要,极具发展潜力。近年来,低档珠宝玉石销售量以每年超过高、中档珠宝玉石的幅度上升,充分显示了其光辉的前景。

(2)彩色珠宝、玉石成为消费新热点。有色宝石在消沉了多年之后,再度成为了消费新热点,大有卷土重来甚至翻江倒海之势。品质佳、未经优化处理或处理程度小粒度较大的红宝石、蓝宝石及祖母绿大受买家和消费者青睐,即使是经过优化处理的高档宝石也大受欢迎。颜色质地上佳的所谓半宝石、玉石等也逐步成为新宠。碧玺、紫水晶、海蓝宝石、尖晶石、红玛瑙、蓝玉髓、坦桑石、葡萄石等都大有成为明日之星趋势。

(3)成套珠宝玉石饰品备受青睐,男性珠宝玉石饰品不再是初露尖角的小荷。成套设计、发售的珠宝玉石饰品风格统一,便于与服装、化妆搭配,既可整套一起使用,又可以拆单配戴,方便实用,在欧洲极受欢迎。其中中低档的红宝石、蓝宝石、珍珠等的组合套饰最为消费者所青睐。继男性时装和化妆品畅销之外,男性珠宝玉石饰品也开始在世界上发达国家风行。据外媒调查显示:通过对2000名受访女性问卷调查,有75%以上的受访者希望她们的伴侣佩戴珠宝玉石。除了常规的戒指和项链之外,领带夹、口袋夹、袖扣、打火机、烟头、腰带、手表等饰物都开始闪耀出珠光宝气,加大了世界珠宝玉石市场的消费需求量。

(4)一款多用的珠宝玉石饰品尤受钟情。一款多用珠宝玉石从 19 世纪就开始流行,在 20 世纪三四十年代曾达到高峰,很多大牌珠宝玉石的能工巧匠们巧妙地运用拆分设计,将原本只有一种用途的珠宝玉石进行多款变化,堪称珠宝玉石的"变形游戏"。目前这种设计得到了新的发展,出现了一些款式新奇、趣味盎然的"多用途首饰"。在发间,可以做发夹;在耳际,可以做耳环;与项链搭配,可以做吊坠;一款多用,让爱美的年轻女性得到惠而不费的满足。同时,为获得珠宝玉石的最佳光学效应,更好地满足多样化的市场需求,珠宝玉石的专家们在传统款式的基础上设计了以料使材的任意型,保持了珠宝玉石粒度,增强了美感效果,珠宝玉石款式的改革在继承传统的基础上,正日渐创新和深化。

二、国内环境

1. 国内珠宝玉石市场的发展现状

我国珠宝玉石产业发展起步晚,但发展很快。20 世纪 80 年代初,中国珠宝玉石行业销售额不足 2 亿元,经过近 40 年的发展,截至 2018 年底,金银珠宝首饰销售额达 6000 多亿元人民币,成为继房地产、汽车等之后人们的重要消费热点。中国是世界上最大的玉石生产、加工和消费国;中国的珍珠年产量约占世界的 90% 以上,居世界第一;中国的黄金和铂金消费已跃居世界第一;人工宝石的产量和消费量居世界第一;钻石消费量 2009 年就超日本,目前位居世界第二,仅次于美国。中国目前已形成对世界珠宝玉石产业有重要影响的消费市场,相信仍有较大发展前景。

经济现代化一直是世界经济变化的主旋律,它既是一场全球化经济革命,又是一场全世界性的经济竞争。世界和中国经济形势持续向好,特别是中国 GDP 保持高速增长,已成为继美国之后的第二大经济体。随着中国特色社会主义现代化建设的持续深入,消费需求增长出现了加速发展的好形势。随着中国经济持续高速发展,珠宝玉石产业将有更大的发展机遇。

2. 国内珠宝玉石产业的发展趋势

受经济社会的发展、国人的购买力提升以及传统文化的影响,我国已成为全球第二大珠宝玉石消费国,仅次于美国,一些重要的珠宝玉石产品消费已居世界首位。目前,我国珠宝玉石市场规模在快速增长(图 6-1),根据 Euro-

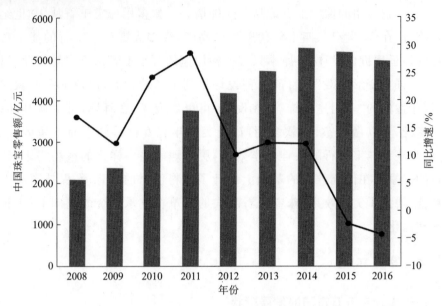

图6-1 中国珠宝零售市场规模

(数据来源:中国产业网)

monitor 数据:2015年中国珠宝行业零售额约5300亿元,预计2020年有望达7450亿元(复合增长率CAGR=7%)(图6-2)。随我国经济社会的不断发展,中等收入群体将会占到社会总人口的70%以上,珠宝玉石逐渐成为日常性消

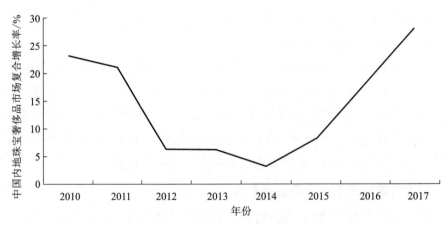

图6-2 中国内地珠宝奢侈品市场复合增长率

(数据来源:东方财富Choice)

费。目前中国人均珠宝玉石消费量仍较低，意味着中国市场发展空间巨大。

根据中国珠宝玉石首饰行业协会的数据，中国女性人均珠宝玉石占有率仅有6%，而亚洲国家女性人均珠宝玉石占有率在60%左右。我国人均珠宝玉石消费量目前还远低于美日等发达国家，我国2016年人均珠宝玉石消费量仅为54.11美元，而美国和日本分别是306.7美元和180.2美元。从这个方面来看，我国珠宝玉石消费市场仍有很大的发展空间。随收入水平提高、个人所得税改革红利的逐步释放，人均消费珠宝玉石金额将会逐年增加（图6-3）。通过和美国珠宝玉石市场对比（图6-4），我国珠宝玉石市场销量最好的为黄金（47%），这与中国传统思想有关，而美国消费最高的珠宝玉石产品为钻石（52%），黄金占比很小。随着年轻一代逐步进入社会，传统与现代审美以及消费风格的切换，未来中国珠宝玉石市场中消费钻石、玉石、铂金首饰类占比会逐步提高。值得注意的是，中国珠宝玉石市场中玉石消费占比与K金及钻石几乎相同，远高于铂金及其他首饰的消费占比，这一点主要与国人传统的玉石情节有关。

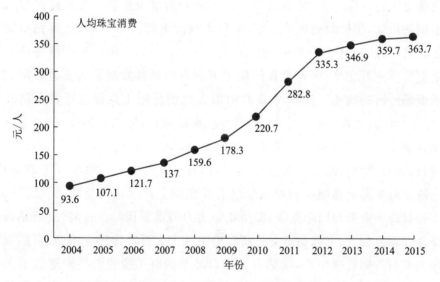

图6-3 2004—2015年中国人均珠宝玉石消费趋势（数据来源：中国产业发展研究网）

从20世纪90年代以来，以企业数量剧增为特征的规模化发展阶段，到21世纪以塑造企业形象为特征的品牌化发展阶段，我国珠宝玉石产业遇到了前

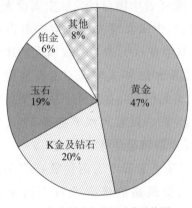 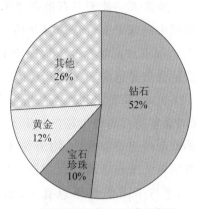

2017年中国珠宝市场消费结构图　　2017年美国珠宝市场消费结构图

图6-4　中国与美国珠宝玉石市场消费结构对比（数据来源：中国报告网）

所未有的发展机遇（丘志力，2006），由于产业发展环境的不断改善，我国珠宝玉石产业保持了健康、持续、稳定发展的良好态势。首先，我国政府为鼓励和发展珠宝玉石首饰行业，先后出台了不少有利的政策措施。按照我国加入世贸组织的承诺，积极调整相关政策，关税大幅度下降。2000年，上海钻石交易所正式成立；2002年上海黄金交易所正式运行；2003年铂金正式挂牌在上海黄金交易所进行交易，标志着我国珠宝玉石首饰原料和制品从流通体制上步入了市场经济的轨道。2003年5月中国人民银行停止执行包括黄金制品生产、加工、批发、零售业务在内的26项行政审批项目，标志着黄金、白银等贵金属及其制品从管理体制上实现了市场的全面开放。在税收调整方面，针对进口钻石、钻石消费税及进口黄金、铂金等都有相应的一系列税收政策的调整，这些既是对世界贸易组织和亚太经济合作组织会议承诺的兑现，更是我国珠宝玉石首饰企业参与国际竞争，提高竞争实力的重要保障。目前，上海钻石交易联合管理办公室、上海钻石交易所和中国珠宝玉石首饰行业协会、自然资源部珠宝玉石首饰管理中心，就钻石进出口环节的有关税收调整问题做了大量工作，相关管理部门希望通过钻石税收政策的合理调整，理顺钻石产业的环节，推动国内钻石加工业的大发展；同时也一直在努力培育和规范珠宝玉石首饰市场。国家已经相继制定了一系列标准和规定，如《珠宝玉石名称》《珠宝玉石鉴定》《钻石分级》《珍珠分级》及《金银饰品标识管理规定》《首饰贵金属纯度的规定及命名方法》等，各省市自治区也制定了许多相关办法、标准等，这些为规范市场和参与国际竞争奠定了良好的基础。2003年2月,中国珠宝玉石首饰行业协会和国土资源部珠宝玉石首饰管理中心,联合召开了"全国珠宝玉石首饰行业自律工作会议",得到了国家工商行政管理总局、国家质量监督检验检疫总局和国土资源部大力支持。来自全国20个省市的珠宝玉石首饰行业协会的负责人和60多家珠宝检测机构及100多家企业代表参加了会议。通过大会讨论,向全行业公布了《珠宝玉石首饰行业自律公约》,并将2003年作为珠宝玉石首饰行业自律年。在政府、行业协会、企业的共同努力下,公平、公正、诚实、守信的市场环境必将进一步得到完善。

再次,国内巨大的消费市场为推动珠宝玉石首饰业的腾飞创造了基础。据统计,我国各种珠宝玉石首饰的营业额已超过6000亿元,并且每年以高于世界平均水平的速度继续增长。我国每年约有数以千万计的新人结婚,婚庆消费市场巨大,只要其中的10%参与珠宝玉石消费,那就是一巨大的增长空间。同时旅游资源所带来的国际游客的珠宝玉石消费,每年也在逐年增长。许多国外珠宝商纷纷将目光投向我国,国外品牌已逐渐进入我国市场。随着珠宝玉石消费的多元化,珠宝玉石首饰市场被不断细分,品种极大丰富,内在质量也有所提高。黄金、铂金、钻石饰品及各类有色宝石、玉石、白银饰品各领风骚,特别是黄金、铂金、钻石饰品发展潜力巨大。

我国是一个新兴的市场国家,我们有理由预测,到2035年和2050年,随着我国发展战略的逐步实现,我国珠宝玉石首饰市场有望上几个大台阶。我国拥有巨大的市场和巨大的市场发展潜力、丰富的珠宝玉石资源和独特的珠宝玉石文化,我国珠宝玉石首饰业作为新兴的朝阳产业,将在国民经济发展中占据越来越大的份额。通过政府的支持,行业的自律和业内有序的管理和竞争,在不远的将来,我国一定会成为世界最大的珠宝玉石加工、贸易的重要集散中心。

3. 石英质玉市场现状

石英质玉市场在全国各地均有分布,广东荔湾、平洲、可塘,河南镇平石佛寺,四川凉山,云南保山,新疆乌鲁木齐、克拉玛依,上海,江苏连云港,北京等玉石市场中均有专营石英质玉的批发或零售店铺或档口。尤其是当石英质玉中的代表——黄龙玉、金丝玉和南红玛瑙等品种声名鹊起之后,销售石英质玉的商家也越来越多,并且常常出现在各类珠宝玉石展上。近年来,随着电子商务的普及,也有相当部分的石英质玉集中在网络渠道(如淘宝店、微店等)进行销售。

国内珠宝玉石市场上的石英质玉涵盖了石英质玉的所有品种,包括玛瑙、玉髓、碧石、石英岩(含东陵石)、木变石、硅化木、硅化珊瑚。当然,不同地方产出的石英质玉也有不同的商贸名称。总体而言,目前,市场售价相对较高的有金丝玉、黄龙玉、南红玛瑙、台湾蓝宝等,而东陵石、玛瑙、京白玉、木变石等售价则相对较低。市售石英质玉颜色丰富,包括白、黄、红、蓝、绿、褐、黑等各种色调;成品款式多样,主要包括挂件、把件、摆件、印章、手镯、珠串、器皿等。特别是相对名贵的品种如金丝玉、黄龙玉、南红玛瑙、台湾蓝宝等,不乏雕工精美的成品或结合K金、钻石、彩色宝石采用复杂工艺进行镶嵌者。

石英质玉在一般分类方案中,多数被划归为中低档珠宝玉石范畴,但石英质玉以其天然的本质、与高档玉石相近的质地、缤纷的色彩等,得到了消费者的广泛认可,尤其与珠宝玉石发展大众化和年轻化趋势相切合,展现十分广阔的发展前景。近年来黄龙玉、战国红玛瑙、南红玛瑙、海洋玉髓等品种的成功开发就是实例。市场是一只看不见的手,也是裁判。不是所有的高档玉石都值钱,也不是所有的中低档玉石都不值钱。只要定位正确,就能实现价值。新疆塔玉是石英质玉中的后来者,只要这一新品种质地足够好,能够满足珠宝玉石市场多样化发展需求,特别是满足大众化、年轻人的需求,得到市场的真正认同,就能够实现经济效益、社会效益、文化效益等多丰收的开发利用目标。

第二节 相关理论

一、资源稀缺理论

1789年,马尔萨斯在《人口原理》中提出了自然资源极限思想和著名的人口论。马尔萨斯认为资源具有物理数量上的有限性和经济上的稀缺性,这两个性质并不全因为技术进步和社会发展而改变(王常文,2005)。如果人类不认识自然资源的有限性而继续大量消耗,其后果是自然资源和环境均将遭受破坏,从而导致灾难的发生。1817年,大卫·李嘉图从自然资源的不均质性出发,并不承认自然资源的绝对稀缺性和人类对自然资源经济利用的绝对极限。1848年,约翰·斯图亚特·穆勒在《政治经济学原理》中认为,资源绝对稀缺的效应会在自然资源的极限到来之前就表现出来。但是这一极限会被社会进步和技术革新无限拓展。19世纪70年代新古典经济学派将研究重心从注重研究资源的稀缺程度与经济增长的关系转向关注资源稀缺条件下,提出实现在不同的资源配置状况下达到帕累托最优状态的途径(吴和平等,2007;王承武,2010)。资源的稀缺是指随着人们生活水平提高对资源物质需求量也越来越大,而在一定的时间空间内可用于人类生产生活的资源却是有限的。资源还具有多用途性,一种资源往往需要满足人们的多方面需求,这就导致资源的稀缺性更加明显。由于能源、矿产资源的分布具有很强的地域性,而不同地方对资源约束不同会对当地经济产生不同的影响。矿产资源稀缺制约着经济发展的规模和增长速度(李新华和胡晓燕,2011)。在资源约束较大的地区,现有的资源利用由于不能达到开发利用的最优状态,所以不仅不能满足经济社会发展中的资源需求,而且会使经济社会发展速度由于资源的约束而受到抑制(栗欣和孟琪,2012)。

新疆塔玉虽然主要属于中低档珠宝玉石范畴,却是存量十分有限的不可再生矿产资源,明显具有经济学上的稀缺性,因此,如何开发利用必须首先从资源稀缺性理论出发,充分认识其稀缺价值、时间价值和空间价值等易被忽略的价值组成部分,比照人们打理稀世珍宝的思路,探讨确定其开发利用战略、具体政策和规划,从而为科学合理开发利用,实现经济、社会和生态的多方面良好效益提供理论指导。

二、产权理论

现代产权经济学中关于产权理论比较具有代表性的是著名的科斯理论。1991年诺贝尔经济学奖得主科斯在讨论社会成本时指出:当交易成本为零时,不管最初的产权怎样界定,资源在市场机制的作用下都会实现帕累托最优。当交易成本大于零时,资源配置的效率会因初始产权界定的不同而出现差别。科斯定理的提出为优化资源配置指明了方向,从而在一定程度上引起了人们对公共物品产权的关注。而我国能源、矿产资源作为一种国有的公共资源,在目前产权制度中由于产权主体不明确、产权界定不明晰等问题直接导致资源开发利用的效率低下、资源过度开发利用、开发利用负外部性突出等问题,最终产生资源开发利用的"公地悲剧"(徐玖平和李斌,2010)。因此,我们应在资源开发利用中选择科学合理的产权制度,通过明晰公共资源的产权主体、界定产权的范围,使资源在开发利用中达到最优化配置。

随着我国社会、经济、科技和文化的不断向前发展,人民生活水平快速提高,珠宝玉石资源已经成为满足人们对美好生活向往、对珠宝玉石日益增长的需求重要的物质基础。但我国目前矿产资源产权结构还不够完善,相关理论仅限于矿产资源所有权的派生权范畴(付温喜,2013),对共生权、伴生权、相邻权及其他派生权还关注太少。在新疆塔玉资源的开发利用中,政府主管部门和相关开发企业除了首先要明晰发现权、探矿权、开采权、所有权等外,还需要高度关注共生权、伴生权、相邻权及其他派生权,特别是与此相关的旅游资源开发权、文化资源开发权等,从而为塔玉资源开发利用及相关企业的可持续发展奠定可靠的政策和法规基础。

三、系统管理理论

根据系统理论的观点,研究对象各要素之间相互作用、相互联系构成了一个有机整体,因此在研究中应该全面地分析研究系统与要素之间的相互关系以及变动的规律性,按照整体战略的视角来统筹优化系统的全局(牛克洪和李宏军,2011)。针对能源、矿产资源的管理活动是一个系统、全面、综合的管理,而不是一个孤立、分散、单独的管理。在具体开发管理中涉及政府多个部门的管理工作,各个部门之间存在着职权范围的重叠以及管理的真空,因此需要利用系统管理中的各种理论来支撑,从战略角度对各个部门之间进行分析沟通与协调,针对存在的问题采取一系列对应的措施形成行之有效的管理方式(胡隽秋,2009)。

新疆维吾尔自治区作为国家最重要的珠宝玉石矿产资源战略基地之一,在珠宝玉石产业发展和珠宝玉石文化振兴中占据非常重要的地位,新疆塔玉资源的开发利用,需要立足于塔县玉石资源、旅游资源、文化资源系统开发管理的实际及目标,从全疆乃至全国珠宝玉石产业发展的高度出发,统筹资源开发的时序、强度和规模等,努力做到资源的开发利用在经济效益、社会效益和生态效益之间达到良好的平衡。

四、生态经济系统平衡理论

生态经济系统平衡理论是指在强调资源的高效利用以及废弃物再循环利用的原则下,生态系统在一定条件下受到外部因素的干扰依然可以保持一定的功能以及生产力(陈端计和杭丽,2011)。生态经济平衡理论认为,经济平衡和生态平衡是一对和谐统一的矛盾体,两者之间相互联系和制约。生态经济平衡的目标是在自然生态平衡的前提下,实现人类社会经济的协同发展。然而在实际中,由于社会经济发展的不均衡、自然资源禀赋不同以及供给和需求的影响,两者之间的平衡常常被打破。当供给小于需求时,人类会为了追求经济的快速发展而改变原来的生态经济平衡,然而生态平衡也会随着生态经济平衡的改变也出现改变。当经济发展对环境产生破坏时,常常出现的是生态的失衡;当供给大于需求的时候,人类社会物质生活极大丰富,人类追求的不再是经济的快速增长而是更高品质的生活环境,此时生态经济平衡也会被打破,而这时往往会出现生态环境向着良性方向发展(秦江波等,2011)。

一般而言,矿产资源的大规模开发利用,是造成生态环境污染和破坏的重要因素(闫军印等,2008)。新疆塔玉资源属于单位经济价值较高的矿产资源,与一般的矿产资源开发利用不同,其开发利用涉及的区域范围有限,开采工程量较小,一般不会造成较严重的生态环境问题,更不会导致严重的环境污染。但在党和国家越来越重视生态文明的今天,如何从经济文化发展、矿产资源开发利用和生态环境复杂的耦合关系出发,构建小区域(矿区)的塔玉资源开发利用的生态环境系统,并确保在开发利用过程中协调良好地运作,避免在资源开发过程中出现不良的生态环境问题,从而给塔玉资源的开发利用及相关企业的健康发展带来不利的影响。

五、可持续发展理论

可持续发展理论的形成经历了相当长的历史过程。20 世纪 50—60 年代,人类在经济增长、城市化、人口、资源等综合因素所形成的环境压力下,对经济增长与发展的模式产生怀疑并开展研讨。美国生物学家莱切尔·卡逊于 1962 年发表了一部引起很大轰动的环境科普著作《寂静的春天》,其描绘了一幅由于农药污染所致的可怕景象,惊呼人们将会失去"春光明媚的春天",在世界范围内引发了人类关于发展观念上的争论。1972 年,两位美国著名学者巴巴拉·沃德和雷内·杜博斯的著作——《只有一个地球》问世,把人类生存与环境的认识推向一个新境界,即可持续发展的境界。同年,一个非正式国际著名学术团体——罗马俱乐部发表了著名的研究报告——《增长的极限》,明确提出"持续增长"和"合理的持久的均衡发展"的概念。1987 年,以挪威首相布伦特兰为主席的联合国世界与环境发展委员会发表了一份报告《我们共同的未来》，正式提出可持续发展概念，并以此为主题对人类共同关心的环境与发展问题进行了全面论述，受到世界各国政府组织和舆论的极大重视，在1992年联合国环境与发展大会上，可持续发展要领得到参会者共识与承认。

可持续发展理论要求我们要在矿产资源开发利用时，要在不损害后代人满足需求的能力基础上同时满足当代人的需求和发展，主要内容是经济、生态和社会三方面的持续协调发展（王海飞，2009；张玉民和郑甲苏，2010）。虽然发展作为可持续发展理论的核心，但是经济发展的可持续性也同样重要。在经济社会发展过程中既要重视发展经济的效率，也要关注社会之中人与人的公平和谐和人与大自然的和谐共处，使我们拥有的资源能得到永续利用（周德群和冯本超，2002）。

新疆塔玉资源作为自然界馈赠的一种稀缺资源，具有明显资源量有限、地域分布偏远、不可再生以及不可替代等特点，所以在开发利用该资源时候必须要充分考虑到可持续开发利用的问题。因此，就需要我们在开发利用中不能过度开采，要科学开采，并要在资源开发可承受范围内进行充分利用。一方面要与经济社会发展、生态环境、资源的人口承载力等相适应，另一方面还要充分考虑到后代子孙对于资源开发利用方面的需求，科学合理地对矿产资源进行适度、有序、高效地开发，特别是要努力提高资源的艺术、文化、旅游等的附加值，切实避免其沦为一般石材和低档工艺品材料，促进塔玉资源更加科学合理地开发利用，实现经济社会和文化的可持续发展。

六、资源优化配置理论

资源优化配置是指在市场经济条件下，不是由人的主观意志决定的，而是根据平等性、竞争性、法治性和开放性的一般规律，由市场机制通过自动调节对资源实现的优化配置，即市场通过实行自由竞争和"理性经济人"的自由选择，由价值规律来自动调节供给和需求双方的资源分布，用"看不见的手"进行优胜劣汰，从而自动地实现对全社会资源的优化配置。资源的优化配置主要依靠市场途径，由于市场经济具有平等性、竞争性、法治性和开发性的特点及优点，它能够自发地实现对商品生产者和经营者的优胜劣汰的选择，促使商品经营者和生产者实现内部的优化配置，调节社会资源向优化配置的企业集中，进而实现整个社会资源的优化配置。因此，市场经济是实现资源优化配置的一种有效形式。

新疆塔玉资源的开发利用必须以资源优化配置理论作指导,政府和相关开发企业要通过市场竞争,主要依靠科学技术和管理,提高其资源的开发利用水平和利用效率,要通过结合塔玉材料自身的宝石学特征、当地文化和旅游开发特征设计最适合的开发市场、最有价值的系列产品,最终实现塔玉与其他玉石或宝石、塔玉不同色彩的品种间的优化配置,达到合理使用,提高经济效益的目标。

第三节 优势与劣势、机遇与挑战

为了明确新疆塔玉资源开发利用和产业发展的优势和劣势、机遇与挑战,我们应用SWOT分析法作了简要分析。

一、方法简介

所谓SWOT分析,即为基于内外部竞争环境和竞争条件下的态势分析,就是将与研究对象密切相关的各种主要内部优势、劣势和外部的机遇、挑战等,通过调查列举出来,并依照矩阵形式排列,然后用系统分析的思想,把各种因素相互匹配起来加以分析,从中得出一系列相应的结论,而结论通常带有一定的决策性。运用这种方法,可以对研究对象所处的情景进行全面、系统、准确的研究,从而根据研究结果制定相应的发展战略、计划以及对策等。

SWOT分析法中的 S(strengths)、W(weaknesses)、O(opportunities)、T(threats)分别代表竞争优势、竞争劣势、产业机遇和产业挑战,其中竞争优势(S)和竞争劣势(W)是内部因素,产业机遇(O)和产业挑战(T)是外部因素。按照产业竞争战略的完整概念,战略应是一个产业"能够做的"(即组织的强项和弱项)和"可能做的"(即环境的机会和威胁)之间的有机组合。

SWOT分析法最早于20世纪70年代由美国哈佛大学教授安德鲁斯提出的战略分析框架(陈伟,2007)。该分析方法得出的一系列相应的结论通常带有一定的决策性(高殿松,2014)。通过SWOT分析,可以帮助企业把资源和行动聚集在自己的强项和机会最多的地方,并让企业的战略变得明朗。因此,采用SWOT分析法分析新疆塔玉资源的开发利用和产业发展,可以更加全面清晰地掌握塔玉资源的竞争优势、竞争劣势、产业机遇、产业挑战,为接下来的开发利用和产业发展对策研究提供思路或参考。

二、优势与劣势

1. 竞争优势(S)

新疆塔玉资源开发利用和产业发展的竞争优势主要为劳动力成本低廉，矿产资源丰富，具有明显的旅游文化连带效应。珠宝玉石产业是劳动密集型产业，劳动力成本将占一大部分生产成本。据不完全统计，一个成规模的珠宝玉石企业能明显带动劳动力就业。新疆塔玉所在的塔县乃至喀什地区消费水平不高，劳动力成本与上海、北京、广东、江苏等地区相比，具有明显的优势，随着小康社会建设水平的提升，更多的劳动力将被释放，珠宝玉石产业的发展将会吸引更多的劳动力就业。目前，塔玉资源开发利用和产业发展尚处于起步阶段，若塔玉资源的开发利用和产业发展能顺利推进，必将为推进地区经济和文化发展提供新的途径。塔玉资源丰富是产业竞争的一大优势。黑龙江省区域地质调查所2010年对其中一条矿脉的探明储量为240t，但实际上2018年采出的塔玉资源量就已达200余吨，同时还揭示出更大的待开采远景储量。而且，附近还有多条矿脉有待调查和勘探。悠久的中华玉文化和当地佛教文化、道教文化历史，也可以成为塔玉资源开发利用和产业发展品牌的一个重要宣传点，将文化融入产业及产品中，将使其资源开发利用和产业发展更具竞争优势。

2. 竞争劣势(W)

塔玉资源开发利用和产业发展的竞争劣势主要为：由于塔玉是新发现矿产，科学研究正在进行中，市场认可仍需时日；开发利用处于起步阶段，产品缺乏品牌效应；市场开拓有待开展；相关人才较为缺乏等。品牌是产品附加值的一个重要来源，塔玉名气不大，品牌效应欠缺，是制约塔玉资源有效开发利用和产业快速发展的一大硬伤。与大型成熟的珠宝玉石市场相比，塔玉市场开发尚处于起步阶段，由于相关标准还未建立，使得市场推广和监管还存在一定难度。人才是企业发展的根本，玉石产品对设计及加工技术要求较高，相关人才缺乏无疑会对资源的开发利用和产业发展产生不利影响。

三、机遇与挑战

1. 机遇(O)

新疆塔玉资源开发利用和产业发展的机遇主要为石英质玉产品和文化影

响的不断提高;国民对玉器购买力的不断提升;市场对玉石的需求逐渐旺盛。塔玉资源开发利用和产业发展依托深厚的中华玉文化、塔县地方文化、佛教文化、道教文化和边疆民族风情。

随着人们生活水平和消费能力的普遍提高,珠宝玉石已经从奢侈品逐步发展成为普通群众都有能力消费和收藏的商品。"乱世黄金,盛世珠玉"。近年来,玉石价格猛涨,珠宝玉石的原石及其饰品、艺术品、工艺品,也成为资产保值增值的热门投资领域。据报道,我国珠宝玉石的市场消费以每年10%~20%的速度增长,这给塔玉产业的发展创造了良好的外部环境,同时也带来了良好的发展机遇。新疆玉石资源丰富,足以满足市场需求。新疆是中国旅游和国家历史文化集散地,拥有世界自然文化遗产、世界地质公园、国家AAAAA级旅游景区等多项桂冠,区位优越,交通便利,旅游产业体系日趋完备,部分游客具有较强的消费欲望和消费能力。塔县正在快速融入新疆大开发和大旅游文化的大环境中,并正在成为热点中的热点,不断增加的游客极有可能成为塔玉产品的消费主力。

2. 挑战(T)

新疆塔玉资源开发利用和产业发展的挑战为环保压力、信息交流滞后和市场竞争激烈。随着国家对环保的重视,在矿产资源的开发利用及产品加工过程中,对环境保护的要求越来越高,这也给塔玉资源的开发利用和企业发展带来了一定的挑战。塔玉作为一种新兴的玉石品种,与外界交流学习不足,缺乏宣传经验,也严重制约着开发利用和产业发展。同时,它所处的位置为偏远边缘地区,与上海、北京、广州等地相比,外界信息不通畅或滞后,缺乏举办大型展销会的机会。珠宝玉石产业属于信息敏感程度较高的产业,没有通畅的信息,将无法对最新的消费趋势进行判断,并以此为依据,设计开发出消费者所喜爱的产品。目前,国内外珠宝玉石市场竞争激烈,除了中国本土各大品牌都在不断扩大自己的份额抢占市场外,国外珠宝玉石企业也纷纷涌入中国市场。在市场越来激烈的市场竞争形势下,塔玉资源的开发利用和产业发展也将面临严峻的挑战。

通过上述分析,我们初步得出了新疆塔玉资源开发利用和产业发展的SWOT矩阵分析表(表6-1)。

表6-1　新疆塔玉资源开发利用和产业发展的SWOT矩阵分析

外部因素、内部能力	优势(S)	劣势(W)
	劳动力成本低廉;资源丰富;具旅游文化连带效应	缺乏品牌效应;市场有待形成;相关人才缺乏
机遇(O) 重要的地理位置;国民购买力提升;同类产品市场需求旺盛	SO战略 举办营销活动提升市场影响力;利用价值优势扩大市场占有率;发挥资源优势满足市场需要	WO战略 重视文化宣传,建立品牌;借助各类政策引进相关人才;重视政府和行业协会支持
挑战(T) 新资源,无知名度;信息交流不畅;市场竞争激烈	ST战略 通过各种途径获得市场认可;与院校合作获得智力支持;利用资源优势和价格优势	WT战略 明确品牌和知名度等是主要劣势;消除人才缺乏、经济落后、条件艰苦等可能产生的不利影响

第七章 开发利用

第七章 开发利用

第一节 正名与定位

一、正名

俗话说:"名正则言顺"。开发利用新疆塔玉资源,首先要做的工作是正名。一般而言,人们对于新生事物的认识是需要一个过程的,对新疆塔玉的认识也一样。对于"新疆塔玉"所代表的这种玉石资源的名称,我们曾提出过如下名称,以供开发利用这种资源时选择,即"大同玉""帕米尔玉""葱岭玉""塔玉"等。

1."大同玉"

取名依据首先是这种玉产于新疆塔县大同乡。大同乡位于塔县境内、帕米尔高原东部、喀喇昆仑山北部、叶尔羌河之西、海拔2500～3500m,属寒温带干旱气候区,它也是一个山清水秀的地方,素有"小江南""世外桃源"的美誉,这个地方埋藏着巨大的财富,那就是大同出产的玉石。大同乡隶属于喀什地区,喀什是维吾尔语"喀什噶尔"的简称,意为"玉石之地"或"玉石之国",而喀什的确是名副其实的"玉石之地"。千年以来,叶城、莎车、泽普一带的玉矿就被古人所发现、开采并利用,出产的仔玉多以"体如凝脂、精光内蕴、温泽精密、温润形美、色泽多姿"备受人们推崇,而喀产出的玉石,又以塔县大同乡为最佳。大同乡在中华玉文化中有显著地位。此外,取名大同还包括有天下大同之意,代表着中国传统文化的核心思想,构建人类命运共同体的中国智慧。本来这是一个好名称,但在中国取名大同的地方较多,特别以产煤著称的山西大同。更甚者,市场上已有大同玉存在,主要产于山西大同市天镇县和阳高县一带,同样属于石英质玉。因此,取"大同玉"之名已无可能。

2."帕米尔玉"

取名依据主要考虑这种玉产于帕米尔高原。"帕米尔"在塔吉克语中是"世界屋脊"的意思,这里拥有许多著名山峰,是地球上两条巨型造山带(阿尔卑斯—喜马拉雅造山带和帕米尔—楚科奇造山带)的山结,也是亚洲大陆南部和中部地区主要山脉的交会处,包括喜马拉雅山脉、喀喇昆仑山脉、昆仑山脉、天山山脉、兴都库什山脉五大山脉,它群山起伏,连绵逶迤,雪峰群立,耸入云天,号称亚洲大陆地区的屋脊。帕米尔在古代也称不周山,最早见于《山海经·大荒西经》:"西北海之外,大荒之隅,有山而不合,名曰不周。"春秋战国时期的楚国诗人屈原在他的不朽著作《离骚》中也有"路不周以左转兮,指西海以为期。"《淮南子·天文训》则对不周山之"不周"作了更为神奇的描述:"昔共工与颛顼争为帝,怒而触不周之山,天柱折,地维绝。天倾西北,故日月星辰移焉;地不满东南,故水潦尘埃归焉。"王逸注《离骚》和高周注《淮南子·道原训》均考不周山在昆仑山西北,即在今日昆仑山西北部的帕米尔。西起帕米尔高原的昆仑山被道教认作为"万祖之山",包含有道教文化中众多的重要元素,盘古真人就直接起源于帕米尔高原。取名"帕米尔玉",不但包含着产地在地理上的雄伟,也表达该玉具有深厚的文化内涵。

3."葱岭玉"

帕米尔高原在中国汉朝时又以"葱岭"相称,产于此地的玉石拟以此作为依据命名。西汉时期,国力强盛,中原开始大规模对外通商,商人沿丝绸之路往来于地中海各国,路途必须穿越帕米尔高原。而此地长着很多野葱,山崖边上还有很多葱翠,过往的商人就称这座山叫作葱岭。将产于此的玉石取名为"葱岭玉",既有地理含义,也有反映这一层历史文化含义的意图。

4."塔玉"

取名依据为这种玉石的产地是塔县。塔县与巴基斯坦、阿富汗、塔吉克斯坦三国接壤,是"丝绸之路"南道咽喉地带,是通往中亚、西亚以及地中海沿岸国家的要道。塔县是帕米尔高原上的一颗璀璨明珠,独特的帕米尔高原风光神奇无限,淳朴的塔吉克民俗风情和厚重的历史文化底蕴使中外游客流连忘返,享有"不到喀什不算到新疆,到喀什一定要领略帕米尔高原风光"之美誉。

从汉字来讲,"塔"是后起字,《说文解字》无此字。徐铉的《说文新附·土部》曰:"塔,西域浮屠也。从土,答声。"据俞易利(2015)考证,"塔"字较早见于

《佛说尸迦罗越六方礼经》。按《新华字典》,"塔"主要代表佛教特有的高耸的建筑物,尖顶,多层,常有七级、九级、十三级等,形状有圆形的、多角形的,一般用以藏舍利、经卷等。另唐代玄奘在《大唐西域记》里对帕米尔高原也有记载,称其为"波谜玉其塔什草原罗川。"在塔县县城附近还留有唐玄奘经过此地的遗迹。此外,由于佛教传入中国,即与道教有所交集,如王重阳将《般若心经》列为全真教的经典之一,在这种背景下,塔这种建筑形式也随之出现在道教之中,成为道教文化的重要组成部分。因此,取名"塔玉",除产地的地理因素外,主要让人联想到塔县独特的区位、民族风情和风光,更愿让人们联想其深厚的佛教文化和道教文化内涵。经过实验和许多把玩人的经验均证明,塔玉有一个独特性质,只需把玩6～10天,玉制品便产生明显变化,变得更为通透和油润,深受人们喜爱。联想到塔县深厚的佛教文化和道教文化渊源,更甚者,道教中道士帽子上的玉石装饰物(称帽正、帽准和一块玉)传说就是用产于昆仑的玉料制作。将该玉用于开发佛教和道教文化产品,预期一定能受到佛教和道教信仰者的厚爱。这一名称若得到认可,或许是天降佛缘与道缘,或算是老天对这个太平世界的馈赠吧。

上述叙述主要是对"塔玉"名称中的"塔"的考虑,"玉"字则确定了"塔玉"的属性。中国玉石种类繁多,除产地参与命名外,颜色参与命名也十分常见,翡翠就是典型。翡翠一名,汉语意为翡红翠绿,源自于翡翠鸟名。在中国古代,"翡翠"是一种生活在南方的鸟,其毛色十分好看,通常有蓝、绿、红、棕等颜色。但一般而言,这种鸟的雄性为红色,谓之"翡";雌性为绿色,谓之"翠"。翡翠虽然命于鸟名,但核心却是颜色。在中华玉文化中占据最重要位置的和田玉(史称"真玉")的进一步分类命名,也重点考虑了颜色的因素,最重要的5个品种分别称为白玉、青玉、赤玉、墨玉、黄玉,并与中国传统五色观相联系。在"塔玉"的进一步分类命名中,我们也重点考虑了颜色的因素,将主要为白色的称为塔白,主要为黄色的称为塔黄,主要为紫色的称为塔紫,有一种与翡翠颜色和质地较为相似的称为塔翠等。

名称是人们还没有见到实物时的最初印象。我们暂将发现于新疆塔县的这种玉取名为"塔玉",并进一步划分了颜色品种,目的也让人们在未见到实物之前,可对这种玉的特征略知一二,认识到这是一种产于新疆塔县的玉,颜色丰富,而且有的像白玉,有的像翡翠。有了名字后,还可进一步引导人们对这个名字开展更深层次的文化诠释,塔县自然和民族风光独特,丝路文化和佛教文化积淀深厚。玉是中华民族的物象图腾，近万年的中华玉文化博大精深，加之塔县的独特区位、自然和民族风情、丝路和佛教文化，将使"塔玉"在文化上易被接受，并显尊贵。

值得进一步指出的是，"塔玉"这个名称只是我们本次研究后的暂定名，开发利用塔玉资源，还应该在名字上下更大功夫，特别是要努力找到最佳的历史文化和艺术契合点，让人们更快更好地接受这一新生事物。

二、定位

这里主要讲市场定位。石英质玉产量大，品种丰富，适合于中低端市场消费。目前国内珠宝玉石市场消费结构正在从过去的哑铃型向今天的金字塔型转变（刘超，2014）。哑铃型的一头是翡翠、和田玉，价值高、产量低，总体属于价格贵到望尘莫及的高端消费；一头是染色、造假和合成宝石的底层消费。随着人们对宝玉石认知度的进一步提高，来自大自然的、色彩丰富的石英质玉在市场上的关注度正逐步上升。金字塔型消费是一种稳定的消费结构，虽然不会出现翡翠和和田玉的高利润，但经营者和消费者的风险会降到最低。

市场定位即企业根据竞争者现有产品在市场上所处的位置，针对顾客对该类产品某些特征或属性的重视程度，为本企业产品塑造与众不同的、给人印象鲜明的形象，并将这种形象生动地传递给顾客，从而使该产品在市场上确定适当的位置。综合研究表明，新疆塔玉品质已达到宝石品级，且具有相当大的储量，可以作为一个新的石英质玉品种进行开发利用。结合新疆塔玉目前所体现出来的宝玉石学特点、品质状况和国内珠宝玉石市场、石英质玉市场现状，我们认为在产品开发和宣传时可以从以下几个方面的定位着手。

1. 产品档次定位：高中低有机结合

（1）高端收藏精品。在2018年开采的大约200t塔玉原料中，品质高的精品料约占10%，照此比例估算，若往后每年仍开采200t左右，则精品塔玉料年产量约20t。这部分优质玉料结构细腻致密、净度高、无绺裂，白色者质地纯净如同羊脂白玉一般；彩色者颜色丰富，有的外观如翡翠一般，具有良好的开发前景和极高的收藏价值。对于精品塔玉玉料，要重设计、重雕工，特别应吸引国家级和省市级玉雕大师来制作，加工出大型的摆件或精致的挂件、把件等，最大程度地提升产品内在品质和价值，使其成为高端玉石玩家收藏的对象。

（2）中档消费佳品。相较于翡翠、和田玉等传统高档玉石品种，石英质玉的单价虽然整体不高,但是消费群体巨大。有很多消费者无法承受优质翡翠、和田玉的高昂价格,却希望能拥有一只天然的玉石手镯或精美饰品。因此,将品质中等的新疆塔玉定位在中档消费市场的产品,能够满足大部分人的日常佩戴需求。对于这部分玉料,应当着力于产品开发,可考虑充分应用目前较为先进的机雕设备建立起一条丰富的塔玉产品生产线,结合市场需求开发出受消费者喜爱的各种款式的成品,逐步提升新疆塔玉的市场占有率和影响力。

(3)个性地域礼品。新疆塔玉产于塔县大同乡。大同乡素有"小江南""塞外杏花村"之称;位于中巴边境的塔县兼具优美的风景名胜和悠久的历史文化;喀什是南疆的政治、经济和文化中心,具有深厚的文化底蕴、浓郁的民俗风情和绮丽的自然风光;新疆幅员辽阔,景区数量居全国首位,更是举世闻名的黄金玉石之乡。依托旅游产业优势,将塔玉打造为塔什库尔干特色旅游文化艺术品,是发挥塔玉玉料(特别是品质一般的塔玉玉料)储量优势的一个重要途径。对于这部分玉料,应融合新疆当地民俗、文化、艺术,积极开展设计和研发工作,打造具有鲜明本地特色的旅游纪念品。同时,也可以根据消费者需求进行"私人订制",增大消费者的选择空间。

2. 目标人群:大众化和年轻人

关于珠宝玉石,可能更多的是给人雍容华贵、经典而又传统的印象,但是随着时代的发展,珠宝玉石的定位已发生着深刻的变化,从历史上的神权象征、礼仪功能、等级标志,到后来的奢侈品、装饰品、保值增值产品,至今已日趋向一般装饰品的大众化方向发展。在社会物质文明和精神文明高度发展的今天,人们怀石拥玉的梦想逐渐成为现实,珠宝玉石的大众化将成为不可逆的潮流,塔玉的开发利用应顺应这个潮流。此外,随着信息获取的快速化,年轻人更适应快餐式的生活方式,他们缺少足够的耐心去接受与生活相去甚远的生活方式,他们觉得所谓的玉石文化是中老年人在无欲无求之后的慢生活方式,是不能与年轻人画等号的。但他们又对珠宝玉石制品充满好奇,对珠宝玉石制品展现出的美难以拒绝。其次,消费珠宝玉石制品还要财力作为支撑。因此,年轻人对玉器关注的焦点是物美价廉。塔玉外观美丽、价格又相对较低,十分符合年轻人需要,只要认真研究年轻人群的消费特点,开发出适合他们的产品,就一定能赢得年轻人的喜爱。

3. 创新产品:基于养生和佛教文化、道教文化,开辟产品新途径

玉之美,美在道德与灵性。只有具有道美和德美内涵的玉石制品才有旺

盛而永久的生命力。养玉在身，可以让人镇定身心，宁神而静志；养玉在心，可以让人淡泊名利，宁静而致远。随着人民生活水平提高，人们对健康的期盼日益提高，因此，开辟养生玉器大有作为。

玉石含有 Zn、Mg、Cu、Se、Cr、Mn、Co 等对人体有益的 30 多种微量元素，经常佩戴玉石可使其中的微量元素被人体皮肤吸收，有助于人体各器官生理功能的协调平衡，并通过玉石的保健功能颐养生命、增强体质、预防疾病，从而达到延年益寿的作用。中国传统文化认为，玉是阴阳二气的纯精，是和谐的物化表示，相信对人体健康肯定有神奇的作用。中国古代医书称"玉乃石之美者，味甘性平无毒"；中国医学名典《本草纲目》记载："玉石具有清热解毒、润肤生肌、活血通络、明目醒脑之功效。"除了能祛病强身之外，还有美容养颜的奇效，被西方女士们称为"东方魔玉"。中国古代医学还认为玉是人体蓄养元气最充沛的物质。因而玉石不仅作为玉锁、玉扳指、手镯、脚镯、挂链、鼻烟壶以及摆饰、装饰之用，还用来养生健体。自古各朝各代帝王嫔妃养生不离玉，有魏晋南北朝食玉成风、宋徽宗嗜玉成癖、杨贵妃含玉镇暑、慈禧太后揉玉驻颜等。

现代研究表明，玉石有神奇的生物、化学和物理特性，经过打磨的玉石会将效能积聚，形成一个电磁场，佩戴在身上，能与人体发生谐振，从而促进人体机能的协调运转。有的玉石具有白天吸收光，晚上释放光的物理特性，当玉石光点对准人体某个穴位时，可刺激经络、疏通脏腑，有明显的保健功能。老人手腕背侧有"养老穴"，佩戴玉手镯，可起到按摩保健功效，不但能改善老人视力模糊症状，还可蓄元气、养精神。嘴含玉石，可借助唾液中所含营养成分与溶菌酶的协同作用，生津止渴、除胃热、平烦懑、滋心肺、润声喉、养毛发、蓄元气、养精神。

道教用玉思想在我国流传了 2000 多年，至今仍对我国人民用玉、赏玉、鉴玉、品玉和佩玉等有重要的影响。道教用玉思想主要来源于"乐生""重生"和"贵生"等观念①。中国传统的玉信仰、玉崇拜等被吸附到道教思想之中而加以宗教的解释（刘素琴，1994）。和儒教侧重于封建宗法和礼玉制度不同，它不是引导人们维护社会的等级秩序和强化道德规范，而是在尊重自然、顺应自然的

---

①中国和田玉鉴赏网.道教的用玉思想和用玉方法[OL]. http://www.cnhetianyu.com/ContentPage.aspx? cid=767

第七章 开发利用

前提下,引导人们重现实,讲养身,求长生。艺术无疑是以心灵世界、宇宙万象作为再现的对象和目的。几千年道教精练出许多优美的传统和典故,在道教思想的影响下,玉器雕刻的题材不断积累和筛选,各种被赋予道教教义的精美图案为玉雕创作提供了丰富的题材,如福禄寿喜、吉祥如意、吉星高照、八仙过海、代代寿仙、老子、庄子、问道、悟道等一系列道教对生活美好的祈望至今仍是玉器创作的重要题材。由于塔玉深厚的道教文化背景,将玉文化与道教文化结合进行深度创作,对开发利用塔玉资源来说无疑是十分明智的选择。

佛教传入中国大致起于西汉时期,而后经发展逐渐与中华文化整合,形成具有中国特色的宗教文化。中国信仰佛教的信众较多,许多佛教的说法、理念已经深入到普通群众的生活之中,这就为玉器中设计开发佛教题材提供良好的基础。中国佛教中各种玉石的运用与收藏之丰富,是世界上任何宗教所不能及的。佛教寺院内运用玉石极为讲究,如上海玉佛寺,其重中之重就是拥有一尊用玉制作的佛像;又如西藏布达拉宫、青海塔尔寺,作为藏传佛教的代表寺院,其佛像和法器上装饰的多为各种玉石;陕西扶风法门寺塔基地宫中出土的4枚佛骨舍利子,其中一枚即放置于特制的玉棺之中,可见玉在佛教中的尊崇。观世音菩萨身上的首饰和宝莲座,弥勒佛的宝冠和宝座屏,都是用玉石装饰的。四大护法金刚用的青光宝剑、碧玉琵琶、混元珠伞、金龙花狐貂来保佑天下"风调雨顺"。而在民间,也以玉香炉点香供奉佛像,并且佩戴玉佛像、垂挂玉念珠、玉手串等作为人与佛之间承诺的中介,将个人的情感、愿望、信仰和对佛的敬意传达于佛。个人修持用玉石,用玉石供奉诸佛,用玉石造佛像或修饰佛像,还可大大积攒功德,拉近人与佛的距离。

佛题材的玉器还有一个共同的寓意是辟邪挡煞,招财纳吉,仿佛小小的玉石刻上佛之后,便具备了佛的庇护一般。由于塔玉产地与佛教文化的深厚渊源,加之塔玉把玩或盘玩后的神奇表现,将玉文化与佛教文化有机结合,预期可为塔玉资源的开发利用开辟新的途径。

第二节 品质与评价

一、品质

中国文字中品质一词,主要指人的素质和物品的质量,人的素质指人的健康、智商、情商、逆商等状况和知识、文化、道德素养等；物品的质量指物品满足用户需要的标准，比如外观、构造、功能、可靠性、耐用性等，如果是产品，还包括服务保障等。在中华玉文化中，玉石的品质描述，具有形而下的物或器以及形而上的道或德属性。用"德"来描述玉的品质就是最好的反映。"德"字始见于西周金文。周朝提出"德"的标准是"施实德于民"。儒家学派为进一步宣传他们的学说，需要用一些物质作为载体，故而总结了历朝玉石的使用经验，尤其注意到统治阶层喜爱玉石的感性经验，用儒家的道德观念去比附于玉石物理性质的各种特征，进而从物质到精神、感性到理性的理论创造，赋予玉石以德行。从古代典籍记载来看，论及玉德的先贤以时代早晚排序可数管仲为最早，他提出论玉"九德说"，其次是孔子，提出论玉"十一德说"，再其次是荀子，提出论玉"七德说"，其后是西汉刘向和东汉许慎等（廖宗廷等，2017）。以下以东汉许慎论玉"五德说"为例给予简要说明。

东汉著名经学家和文字学家许慎在总结前人认识的基础上，提出论玉"五德说"。许慎论玉"五德说"是中国玉文化历史上有较大影响的关于玉品质的学说之一，历来许多学者在研究玉文化时多引用其观点。据许慎《说文解字》记载："玉，石之美者，有五德：润泽以温，仁之方也；䚡理自外，可以知中，义之方也；其声舒扬，专以远闻，智之方也；不挠而折，勇之方也；锐廉而不忮，洁之方也。"作为玉石，不仅要外观美丽，而且要有"五德"。这五德，既指玉，又指人。高标准，严要求，语意双关。其一，玉仁：润泽指玉必须要具备油脂光泽，比喻乐于施恩泽。润指细腻光滑、湿润、润滑；温指温和柔和。"润泽以温，仁之方也"是指玉的颜色、质地和光泽温润柔和，滋益万物或恩泽万物，是玉富有仁德的表现。其二，玉义：䚡理是指玉的纹理。"自外可以知中"，即是根据玉的外部特征可以了解它的内部情况，表里如一，内外一致，这是玉富有正义感，坚持实事求是的表现。其三，玉智：优质玉可制作乐器，因玉质地坚硬细腻，故击之声音舒展清扬，散播四方，听起来和悦，这是玉富有智慧和远谋的表现。其四，玉勇：玉硬度高，韧度大，故玉有宁折断而不弯曲之特性，显示坚贞不屈的勇敢精神。"宁为玉碎，不为瓦全"。其五，玉洁：廉即廉洁、清廉。忮即嫉恨、狠毒。锐廉而不忮，指玉碎之后，断口虽然锐利，有能力嫉恨报复于人，或求得好处，但玉能保持廉洁而不为之。

对于石之美者中的"美"，中国人赋予其更深一层的美学价值。玉石凝结着中国人的美好情感，培养了中华民族的人格，孕育着中国传统美学，这个美的传统,一直沿续了数千年,始终焕发着不朽的光彩。其中包括坚韧细腻、光泽、无瑕之玉质美;单色、双色、多色之玉色美;坚韧、耐磨、光透柔和、导热率低、化学稳定性强、"金声玉振"之玉性美;比德于玉之玉德美;"玉不琢,不成器"之玉琢美等。

玉石的品质是开发利用的前提条件。新疆塔玉这一新生事物只要品质足够好,能够满足人们多样化的需要,就一定能够获得人们的认同。塔玉"五德"表现优秀,特别在油脂光泽方面比其他玉还更胜一筹;质美、色美、性美表现具佳。只要通过精心设计,大师琢磨,一定会表现出优良的品质。只要开发利用的思路正确,加上方法得当,一定能得到市场广泛认可。

二、评价

一般认为,石英质玉品质要求和评价可以从颜色、特殊的图案及包裹体、质地、透明度、块度和加工工艺6个方面来衡量(张蓓莉等,2013)。2009年7月实施的云南省地方标准《黄龙玉分级》(DB53/T 282—2009)从颜色、透明度、光泽、净度、工艺及质量5个方面对黄龙玉饰品进行质量分级。栾雅春(2018)认为辽宁丹东黄蜡石的品质评价主要从颜色、光泽、质地、透明度、净度等方面进行,要求以颜色浓、均匀,油脂光泽,透明—亚透明,无裂纹或裂隙,质地细腻为佳。也有学者从颜色、透明度、净度、光泽、质地5个方面对大别山玉进行级别划分,并对其工艺进行评价。潘羽(2017)认为密玉原料质量评价需综合考虑颜色、透明度、质地、块度和裂纹,在工艺方面则要求颜色搭配适当、因材施艺、造型优美、主题突出等。范文莉(2016)提出可以从颜色、质地、块度、工艺等方面对南红玛瑙进行质量评价,并认为在质地中的净度和结构均匀程度对玉石质量影响较大。综合专家总结的石英质玉的质量控制因素,我们认为影响新疆塔玉原料品质的要素主要包括颜色、质地、光泽、透明度、净度、块度或重量共6个方面;对于成品,则还要重点考虑加工工艺。

1. 颜色

颜色是影响玉石品质最为重要的因素之一,也是最能引起我们共同的审美愉快的形式要素之一。新疆塔玉颜色丰富,目前产出的玉料以白色、青绿色、黄色为主,兼具褐红—橙红色、褐色和黑色。白色塔玉质地纯净、结构细腻致密,优质者附加油脂光泽更让其拥有与和田玉中的(羊脂)白玉相近的外观,构成最具包容性的色彩,最被广泛的人群所喜爱,还是道家、儒家、释家钟爱的色彩。内部"漂浮"点点墨色的塔墨品种又神似和田玉中的墨玉,仿若一幅山水画。黄色在古代是帝王用色,代表着权威与富贵,按照中国传统五行学说,黄色在五行中为土,是宇宙中央的"中央土",土为至尊。绿色在中国五行说中是木的象征,是植物的颜色,是生命的表征,因此在宝玉石中也属于消费者喜欢的颜色,这种颜色在黄龙玉和金丝玉中并不常见。白色、青绿色和黄色玉料使新疆塔玉的开发利用具备了一定的颜色优势,而多种颜色共存于同一块玉料之中又给新疆塔玉的开发利用带来了较大的设计创意空间,这类玉料非常适合于俏色雕刻(图7-1),创作大型摆件。在评价时,以颜色纯正、鲜艳、均匀为佳。

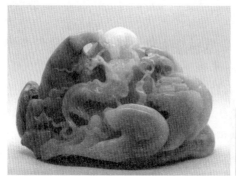 

图7-1 塔玉俏色作品

2.质地

中国传统文化中早就有所谓的文质彬彬之说,"文"是工艺,"质"是玉材的质地;"文"是创作的,"质"是天生的,两者之间互为表里,只有表里一致,才能相得益彰,由此可见质地的重要作用。塔玉的质地主要由结构决定,即组成塔玉的石英矿物颗粒的大小、形状、均匀程度及颗粒间相互关系。质地是影响玉石品质的另一重要因素。一般认为,玉石的质地以均匀、致密、细腻为佳。在质地上,新疆塔玉中的石英颗粒粒度细小(0.02~0.20mm),与金丝玉(0.05~0.25mm)和大别山玉(0.05~0.20mm)中石英颗粒大小相当,仅略粗于隐晶质-显晶质结构的黄龙玉(0.004~0.060mm),且新疆塔玉中石英颗粒分布均匀,彼此之间紧密镶嵌。因此,大部分新疆塔玉成品质地整体较为细腻、均匀,肉眼观察普遍无颗粒感。

3. 光泽

光泽指的是玉石反射光的能力和特征。玉石的光泽一般取决于其组成矿物种类和结构等。新疆塔玉的光泽与其他产地石英质玉相同,大部分原石样品呈油脂—蜡状光泽,抛光样品则主要呈玻璃—油脂光泽。塔玉中的石英颗粒越细小,颗粒间结合越紧密,则油脂光泽越强;若石英颗粒相对较粗,粒间结合松散,则趋向于玻璃光泽。此外,玉石的光泽也会受抛光方式和抛光程度的影响,其通过影响玉石的表面粗糙度,进而影响玉石表面的镜面反射和漫反射,最终决定了玉石表面的光泽。全抛光(行内亦称抛亮光)的塔玉一般为玻璃光泽,而抛亚光的塔玉则更多呈现油脂光泽(图7-2)。特别是优质塔玉,在短期的佩戴或把玩后油脂光泽均有明显加强。在中国人的审美中,油脂光泽是追求最美和极美的体现,是"润泽以温,仁之方也"的完美表达。因此,塔玉的油脂光泽是其价值提升的关键性要素。

 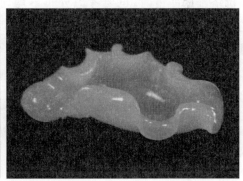

图7-2 塔玉的油脂光泽

4. 透明度

透明度(水头)是影响石英质玉质量的另一个重要因素。透明度同样取决于玉石的化学组成与内部结构,与玉石晶体的颗粒大小和集合方式有关,还与所含杂质、包裹体、气泡、裂隙等的种类、数量、颜色有关。一般来说,石英颗粒较细、结构致密时,透明度相对较好;石英颗粒较粗、结构疏松时,透明度相对较差。大部分新疆塔玉成品的透明度为微透明—半透明,部分样品不同区域的透明度存在差异。透明度偏高会使玉石失去凝重感,显得轻飘;而透明度过低又会使玉石"石性"过重。值得注意的是,透明度是相对的,只有在厚度相同的情况下物体之间透明度的比较才能进行。此外,塔玉成品的透明度同样受到抛光方式的影响,透明度相同的塔玉采用全抛光会比抛亚光看起来透明度高。实际评价时,并不能简单地将塔玉的透明度高低作为评价质量好坏的指标,而应将透明度与质地、光泽结合在一起共同评价。

5. 净度

从美学角度讲,玉石之美是其各种特征引发的审美主体的愉快体验,除颜色、质地、光泽、透明度等外,净度也是引发审美主体愉快体验的特征之一。净度是指玉石中所含的杂质矿物(包括成矿时形成的和后期沿裂隙进入玉石主体的)形成的石花、石僵、黑点以及绺裂等的种类、形态、大小、数量、发育程度对其美观和(或)耐久性的影响程度。大部分新疆塔玉较为纯净,肉眼未见或仅在不显眼处有极少量的石花,对整体美观程度几乎无影响;而不纯(净度低)者肉眼可见明显的石花、石僵或绺裂,对整体美观和(或)耐久性有明显影响。评价塔玉的净度时,也要考虑分布不均匀的颜色(次要矿物)能否形成一定的花纹、图案,或者能否作为俏色加以利用,如能与工艺设计主题相得益彰,反而可以通过巧雕增加其美观程度,提升艺术价值。

6. 块度或重量

目前新疆塔玉开采以原生矿为主,从数千克、数十千克到数吨甚至更重的玉料均能见到。在颜色、质地、透明度、净度和加工工艺相同或相近的情况下,块度或重量越大,价值越高。

7. 工艺

中国有句俗话叫"玉不琢,不成器"。各种玉石材料只有经过琢玉大师的巧妙构思和鬼斧神工般的精心琢磨,方能成为一件精美绝伦的艺术珍品。玉石材料才能在自然美的前提下,最大限度地体现其审美价值、艺术价值和商业价值。新疆塔玉主要用来制作玉雕艺术品或工艺品,因此玉雕师需根据原料特征努力做到因材施艺与按需用料、小料大用与宁小勿大、显工显污与有章可循、挖脏去绺与特尽其用、单色尽美与多色找俏等,并施以巧妙的构思和娴熟的技艺以提高成品的价值。目前,新疆塔玉主要用以加工手镯、玉牌、各类手把件、珠串以及器皿件、大型俏色摆件等。新疆塔玉的工艺评价应包括材料应用设计评价和加工工艺评价两方面。材料应用设计评价即成品的材质、颜色与雕刻题材配合贴切,用料干净正确,杂质矿物处理得当,主题鲜明,造型优美,构图完整,比例协调,布局合理,层次清晰,寓意美好。加工工艺评价即成品轮廓清晰,层次分明,线条流畅,点线面刻画精准细腻,细部处理得当,表面平顺光滑,亮度均匀,无抛光纹、折皱及凹凸不平。

根据以上对新疆塔玉的主要质量影响要素有颜色、质地、光泽、透明度、净度及工艺的评价方法,将新疆塔玉成品质量(品质)划分为Ⅰ、Ⅱ、Ⅲ 3个级别,对应特征见表7-1。

表7-1 新疆塔玉成品品质分级

品质评价要素	Ⅰ级	Ⅱ级	Ⅲ级
颜色	颜色纯正、均匀、明亮,无其他色调;多种颜色交织分布和谐自然	颜色较纯正、较均匀、明亮度较好,带有不明显的其他色调;多种颜色分布基本和谐	颜色分布肉眼可见不均匀,带有明显的其他色调;多种颜色分布杂乱
质地	结构细腻致密,自然光或侧向光照明下肉眼观察无颗粒感	结构略粗糙疏松,自然光或侧向光照明下肉眼观察有不明显且均匀的颗粒感	结构粗糙疏松,自然光或侧向光照明下肉眼观察有明显且不均匀的颗粒感
光泽	油脂光泽	油脂—玻璃光泽	玻璃—油脂光泽
透明度	半透明—微透明	半透明—不透明	半透明—不透明
净度	肉眼观察未见石花、石僵以及绺裂,或仅在不显眼处有极少量的石花,对整体美观程度几乎无影响	肉眼观察可见少量石花、石僵以及绺裂,对整体美观程度影响不大,或可从设计工艺角度加以利用	肉眼观察可见明显的石花、石僵或绺裂且无法加以利用,对整体美观和(或)耐久性有明显影响
工艺	材质、颜色与雕刻题材配合贴切,用料干净正确,杂质矿物处理得当;设计主题鲜明,造型优美,构图完整,比例协调,布局合理,层次清晰;磨制轮廓清晰,层次分明,线条流畅,点线面刻画精准、细腻,细部处理得当;表面平顺光滑,亮度均匀,无抛光纹、折皱及凹凸不平	材质、颜色与题材配合基本贴切,用料基本正确,杂质矿物处理欠佳,局部有较明显缺陷;设计造型烘托材料材质颜色美,比例恰当,布局合理,层次清晰,安排得体;轮廓清楚,线条顺畅,点线面刻画准确,细部处理欠佳;表面较平顺,亮度欠均匀,局部有抛光纹、折皱或凹凸不平	材质、颜色与题材配合失当,用料有明显偏差,杂质矿物处理失当,影响整体美观;设计未按材料材质颜色特点造型,比例失调,布局紊乱,安排失当;磨制形象失态,线条梗塞,点线面刻画不准确,整体处理欠佳;表面不平顺,亮度不均匀,有抛光纹、折皱,局部凹凸不平

第三节 建议与对策

从国内外产业环境以及珠宝玉石市场发展的大趋势分析,未来10~20年是新疆塔玉开发利用的重要机遇期,新疆塔玉的开发利用应在当地政府的领导下,以习近平新时代中国特色社会主义思想为指导,以"政府引导、市场主导"为原则,在相关理论指导下,通过合理的规划,把以新疆、喀什、塔什库尔干、丝绸之路等的文化优势、区位优势、旅游资源优势融合在一起,以新疆塔玉的科学开发利用为载体,以新疆玉石大市场建设为平台,对新疆塔玉的开采、加工、销售、科研、鉴赏、旅游进行统一的规划布局,要坚持"高点定位、科学规划、有序开发"原则,按照"政府控制、市场运作、政策扶持、品牌带动"工作思路,努力形成新疆塔玉开发利用产业,提升新疆塔玉的知名度,扩大影响力,发挥塔玉优势、避免劣势,抓住机遇,迎接挑战,力争用5~10年的时间,形成一批加工规模大、带动能力强的骨干企业,造就一批玉雕工艺美术大师和玉雕技术人才,创作一批国家级珍品和玉雕精品,把新疆塔玉产业做强做大。为达到这一目标,我们提出如下对策建议。

一、加强政府引导,搞好顶层设计

1. 制定新疆塔玉的产业发展规划

由于新疆塔玉是新发现玉矿,属新生事物,新疆维吾尔自治区、喀什市乃至玉石资源所在的塔县至今都未将塔玉的开发利用和产业发展纳入政府规划。因此,要抓紧做好相关工作,建议尽早出台《关于推进新疆塔玉开发利用及产业发展的若干意见》,编制《新疆塔玉开发利用及产业发展五年(2020—2025)发展规划》,同时成立新疆塔玉发展管理中心。明确"政府控制、市场运作、统一规划、分步实施"总体思路,建立开发与利用、生态与治理、旅游与购物、文化与科考"一体化"发展模式,逐步培育新疆塔玉开发利用产业,打造新疆塔玉知名品牌,丰富喀什及塔什库尔干旅游及文化内涵,形成和完善塔玉从开采、加工、交易、展览的全产业链,使新疆塔玉成为一张独具特色的"一带一路"新名片。

2. 加快新疆塔玉开发利用,加强相关基础设施建设

新疆塔玉的矿产资源量是政府实施开发利用进行顶层设计的关键一环。

为了搞清楚矿产资源量,就必须加强对新疆塔玉的基础研究,明确矿产发现权、探矿权、开采权和所有权,出台鼓励政策,使矿权拥有的企业加大矿产勘探力度,探明潜在矿产资源量,努力为塔玉产业的可持续发展提供可靠的矿产资源保障。

塔玉产业发展是以塔玉矿产资源的开发利用为依托。因此,首要建设开采塔玉的专门矿山,进行科学开采。除此之外,建议规划建设塔玉矿场、博物馆、展览厅、交易中心和地质公园等配套设施,逐步建成为集资源开发、玉石鉴赏、文化传播、设计加工、技术教育、品牌塑造于一体,矿产资源、旅游商品、商贸流通、文化传播融合发展的全国玉石文化产业基地。目前,矿产勘探、矿山建设的水、电、路、通信等基础设施均有待建设。下一步的工作重点是针对相关问题逐项解决,为塔玉矿产开发利用和产业发展打下坚实基础。

3. 推进新疆塔玉大市场建设

新疆塔玉开发利用的关键和难点是打造品牌,开拓市场。目前,塔玉的开发利用尚处于起步阶段,还没有形成专业化的大市场。解决的办法:一是聘请国内知名设计单位和专家,按照"经营规模化、产业集聚化、功能综合化、效益最大化"的思路,以"高起点、高标准、前瞻性"的要求,进行市场化运作,秉承"传承、吸收、融合、创新"的文化规律进行规划设计。二是根据新疆塔玉市场建设工程进度,将把新疆塔玉博物馆、玉石展览大厅、玉石交易销售中心纳入玉石大市场,逐步形成一个在全国有影响力的玉石加工贸易城,并依托其他文化、旅游等资源,打造全国有影响力的玉石文化产业基地。努力促进就业,增加政府财政收入,有力地促进当地经济快速发展,带动周边农民和居民共同致富。

4. 加大招商引资、引智力度

用新疆塔玉来吸引天下玉,进一步创优环境,鼓励和吸引国内知名品牌的玉石加工销售企业和有一定知名度的玉雕大师来参与新疆塔玉的开发经营、创作,从而带动玉雕市场百花争放、百鸟齐鸣,加快新疆塔玉市场繁荣壮大,使塔县逐步发展成为在全国有影响力的玉石加工贸易中心,打造成独具特色的全国玉石文化产业基地。突出龙头企业招商,借助龙头企业的产业链、信誉度和投资平台,带动新疆塔玉整个上下游产业链的延伸发展,重点对沿海发达地区、自治区内和自治区外成熟珠宝市场等的对接,依托塔县的区位优势、优美的自然风光,规划设计一个集玉石的设计,玉料加工,玉石工艺品雕刻、销售、集散为一体、提供玉石展览、会议论坛、高端拍卖、宝玉石鉴定、餐饮服务,集观光、旅游、休闲、赏玉等多功能于一体的综合性产业园。目前,已有沿海企业与当地政府正在商签协议,即将进入实质性实施阶段。

5. 完善资金投入机制

新疆塔玉产业是一个巨大的产业集群。要想撬动产业发展,必须有更为优惠的政策和充足的资金作为保障机制。一是建立新疆塔玉产业建设资金保障机制,通过民间融资、项目贷款、采矿权抵押等多形式、多渠道筹集资金。同时,加大与财政、金融等有关部门协调、对接力度,保证充足的新疆塔玉产业发展资金,解决后顾之忧。二是设立新疆塔玉产业发展专项资金,由政府出资,严格规范资金的管理和使用,确保专款专用,为新疆塔玉的宣传推介、相关基础实施和玉石市场建设、行业标准制定、国家地理保护产品名录申请、研发资金投入、营销体系和品牌建设等提供资金支持。三是完善新疆塔玉开发优惠政策。通过制定相关的优惠政策,加大资金投入、加快人才培养,创优产业环境等措施,重点扶持新疆塔玉加工销售骨干企业,建立代理商制度和全国销售网络体系,逐步形成以规模企业为龙头、以品牌连锁店和专业市场为平台,以专业村、专业户为依托,从购料、设计、生产加工到质量检测、包装、销售一体化产业体系,打造新的经济增长点。

二、加强行业指导,提升新疆塔玉知名度

1. 制定新疆塔玉地方标准

新疆塔玉地方标准就是用来区别其他石英质玉玉种的"身份证"。没有身份证,确定玉石的材质价值、判断是否是外地玉冒充新疆塔玉等,就缺乏有效方法。制定新疆塔玉地方标准,可为新疆塔玉开发利用提供鉴别依据,能杜绝其他玉种以次充好、以假乱真现象,树立自己的品牌。为做好这件事,需要塔县地方政府相关部门作为牵头单位,借助高等院校、研究机构、民间力量等,设立专项课题,对塔玉进行深入全面的分析研究,制定出新疆塔玉有别于其他玉种的指纹鉴定依据和玉石分级特征,完成对矿物组成、化学成分、结构构造、颜色、光泽、透明度、净度、密度、折射率等玉质标准判定依据确定,形成新疆塔玉地方标准,为下一步进行新疆塔玉的加工和生产规范化、标准化和品牌化奠定

基础。

2. 申报"国家地理标志保护产品"名录,申请"中国玉石之乡"称号

国家地理标志保护产品,指产自特定地域,所具有的质量、声誉或其他特性,取决于该产地的自然因素和人文因素,经审核批准以地理名称进行命名的产品。地理标志产品保护申请,由当地县级以上人民政府指定的地理标志产品保护申请机构或人民政府认定的协会和企业提出,向中国地理标志产品协会申请。塔县具有深厚的玉文化渊源,在中华传统玉文化中地位突出,具备申请"中国玉石之乡"称号的条件,建议当地政府积极向相关协会进行申请。通过申请"国家地理标志保护产品"名录、"中国玉石之乡"称号,对于新疆塔玉的产品宣传推广和品牌打造将有极其重要的意义,此举必将为发展壮大塔县珠宝玉石文化产业,促进旅游文化业快速发展等作出巨大贡献。

3. 建立新疆塔玉公盘交易平台

公盘是珠宝玉石原料交易专用术语,是中外珠宝玉石界普遍认同的一种原石毛料交易行为,就是将开采出来的珠宝玉石原料集中公开展示,买家在自己估价判断的基础上出价竞投。公盘交易有助于建立公正、公平、公开的定价机制。为进一步规范新疆塔玉及矿权交易秩序,建议全力打造公盘交易平台,借鉴翡翠等成功的公盘交易经验和做法,创新新疆塔玉原料的交易模式,实现新疆塔玉原料的科学分配机制。制定新疆塔玉公盘交易办法,举办公盘交易会,促进新疆塔玉规范交易。加快研发新疆塔玉交易网,通过互联网发布相关信息,打造网络交易平台,提高交易透明度,实现资源收益最大化。

4. 在产学研合作上下功夫

产业化的发展离不开产学研合作。需要地方政府牵头,成立新疆塔玉产学研合作促进会,由玉石生产与销售企业、高等院校、研究机构、投资融资机构、创意研发机构等单位参与,政府相关部门协调配合。一方面深入研究新疆塔玉与地方文化的渊源。借助地方文化丰富塔玉内涵,提升新疆塔玉品牌;另一方面,借助旅游文化、"一带一路"、乡村振兴计划等机遇,在塔玉宣传推广、人才培养、促进配套设施建设等方面指导企业发展,引导新疆塔玉市场良性发展。

三、加强市场化运作，建设全国性产业基地

1. 走高端研发之路

要做强做大新疆塔玉产业化，仅依靠玉石原料出售是远远不够的，必须在玉器加工和销售上做好文章，做足功夫。要努力避免走单一的玉石开采、原石出售和低端加工销售的错误道路，而要走集资源开采、玉石鉴赏、文化传播、设计加工、技术教育、品牌塑造于一体，矿产资源、旅游商品、商贸流通、文化传播融合发展的新疆塔玉石产业发展之路。要加强高端玉石产品研发。"玉不琢，不成器"，纵观和田玉、翡翠产业发展历程，高水平玉雕大师的参与和支持起着关键作用。新疆塔玉要真正摆脱低档次的开发困境，走上高端路线，除了要自身具备良好玉质条件外，还要让新疆塔玉作品出自名门，要有大师级工艺水平的新疆塔玉精品问世，如米大师、殷大师精心创作以新疆塔玉文化特色为题材的作品。要不断推出高端作品，参与市场竞争，努力摘取"天工奖""玉龙奖""玉华奖"等全国性玉石专业比赛大奖，打响新疆塔玉品牌和知名度。

2. 发挥聚集效应，形成产业集群

新疆塔玉矿所在塔县县城等地区已自发形成了小规模的塔玉市场，但这些商户主要是县城居民的自发行为，很多是前店后厂，档次低，层次差，因此建设统一的玉石市场势在必行。在塔县县城规划投资建设玉石城，设立塔玉的加工研发中心、文化创意展示基地、玉雕作品销售大厅、玉石鉴定检测机构、塔玉文化博物馆、原石交易大厅等，通过招商引资、引智，一方面引进黄金、珠宝、玉石、文物经营大户从事经营销售，另一方面吸纳自治区、内地，特别是沿海地区的玉雕大师来塔县开展玉石的雕刻和创作，给予租金、政策扶持，带动开采、加工、研发、雕刻、展示、鉴赏和交易各个产业链上的企业聚集，形成产业集群，打造在全国有影响力的玉石加工贸易城。

3. 坚持与旅游文化业发展的深度融合

包括塔县在内的新疆有着十分悠久而深厚的玉文化历史，在"丝绸之路"之前形成的"玉石之路"就是在向西方运送玉石的过程中形成的。玉石既是我们中华民族文化的象征，也能较好地反映出我国古代各种复杂的社会关系。因此，可以说玉石资源是推动东西方交流的重要动力，对玉石资源进行旅游开发，一方面可以让更多的人通过玉石了解到中国传统的历史文化，较好地弘扬

中华文化;另一方面也能推动塔县的经济文化发展。结合塔县实际,建议在下列几个方面展开工作。

(1)玉石旅游的观赏体验。由于玉石质地细腻,体态光滑,所以可以从塔县本地入手,从玉石产出地开始进行旅游开发。首先可以带领观光的游客欣赏大山的蜿蜒巍峨,体验"万山之祖"的磅礴气势;接着让游客们领略当地独特的民族风情,甚至去体验接壤三国的异国风情和文化。

(2)玉石旅游中的道教文化和佛教文化。玉石和塔县与悠久的道教文化、佛教文化均有着深厚渊源。游客们在这里一方面可以体会到道教、佛教的文化精神,另一方面还可以对"丝绸之路""玉石之路"进行了解,感受道教文化和佛教文化的洗礼。

(3)玉石旅游中的开采体验。中国古时玉石的开采方式多种多样,在塔县内均有望找到,在旅游开发中可以将玉石的开采作为最重要的一个环节。游客们可以到现场观看玉石的开采过程,接着可以到玉石加工厂亲眼见证珍品的出现,感受一块块玉石从普通到珍贵的过程。

(4)玉石旅游中的购物体验。随着我国在世界影响力的不断提升,中华民族传统文化得到了越来越多人的关注。玉石独有的文化底蕴,使其无论是在开采加工环节,还是在收藏装饰环节都很大程度地满足了人们的需求。除此之外,在当地购买玉石的过程中,还能观赏到周围美丽的景色,价格也较为公道,可选择性也较多,对于游客们来说,的确是十分的方便及优惠,能帮助他们真正体会到玉石由内而外的魅力和美好。

四、加强品牌创建

加大新疆塔玉文化的宣传和营销。塔玉虽然属石英质玉,不算出生名门,但新疆塔玉有和田玉的洁白无瑕、温润细腻,也有翡翠的晶莹剔透、色彩斑斓,更有短期把玩后透明度和油脂光泽增强的特殊秉性,这是塔玉最大的市场卖点。

1. 加大文化宣传推介

新疆塔玉开发利用目前面临的最大问题是品牌尚未建立,市场认可度低。主要建议:一是充分发挥电视、广播、网络、报纸等新闻媒体的作用,营造浓厚的舆论氛围;二是举办各类节会、高峰论坛,地方政府有关部门联合有关高校和研究机构,定期召开塔玉文化座谈会,深化玉石文化的研究和传播;三是结合节假日、赏花节等节点,举办塔玉雕刻、展示、鉴赏等活动,加强面向来新疆游客的宣传推介,打造塔县旅游文化新名片。

2. 强化市场营销策划

从市场营销角度分析,塔玉开发利用要想向产业化发展,必须转变消费理念和市场营销策略。要树立"互联网+"的思维,主要建议:一要掌握国内外珠宝玉石产业发展的现状和趋势,结合新疆目前珠宝玉石市场的现状、市场营销特点,从消费者、市场营销环境、目标市场定位等方面,制定玉石市场的线上、线下、互联网+、微商等营销策略;二要做好市场营销总体规划、产品广告创意、企业形象的设计研究,做好玉石鉴赏与拍卖、展览展销活动、雕刻大赛、玉石高端论坛活动项目的设计,扩大塔玉的影响范围;三要鼓励有条件的企业或个人,通过建立专业营销体系,培养专业营销团队,打开新疆塔玉高端销售之路,烘托新疆塔玉产业的文化底蕴,做好以新疆塔玉保健养身的自然价值和独特的文化价值为特色的品牌宣传;四要以新疆塔玉"保平安、助家兴、促财旺"为营销切入点,在高端媒体策划"软广告",打造中国"平安、吉祥"玉石产业新品牌;五要发挥行业协会组织优势,鼓励部分骨干企业,聘请国内知名玉雕大师设计雕刻具有新疆及塔县地方文化特色的作品,积极参加"天工奖""百花奖"等国家级玉雕大赛,创新设计,出名产品,做高档产品,参与市场竞争,摘取比赛大奖。

3. 加快人才培养和产品创新

人才是新疆塔玉开发利用以及产业持续快速健康发展的根本,也是产业竞争和市场竞争的关键。谁拥有适合的人才,谁就掌握了产业发展的未来(端文新,1995)。随着政府对珠宝玉石产业重视程度的不断提高,一些好的政策相继出台,学术研究也逐渐展开和深化,玉石市场正走向全面繁荣,正是天时地利人和之际,新疆塔玉开发利用将迎来美好的春天。塔县要做强做大玉石产业,必须要与时俱进,科技创新。一是培养一批高水平的专业雕刻人才,在古代,塔县虽产玉,但缺乏玩玉、赏玉、怀玉等氛围,玉雕市场并不成熟,也就没有形成培养玉雕大师的环境和土壤。"玉不琢,不成器",品质再好的美玉,没有玉雕大师的创意雕琢,就无法成为优秀的作品,而新疆塔玉产业要想做强做大,必须走高端之路,尽快研究制订和实施塔玉开发利用的人才培养计划,建立玉石产业专业人才培育体系。不仅要培养从事珠宝玉石加工的设计师、玉雕师,更要培养专业的鉴定师、拍卖师以及从事珠宝玉石行业管理、营销的职业经理人等稀缺人力资源。二是挖掘高校资源整合,协调新疆相关大学、职业技术院校联合开展人才培养。三是引进大师级人才,特别应与国内著名的雕刻大师进行对接,引进一批既懂美术设计又懂雕刻的高水平专业人才,以新疆塔玉为原料,以新疆及塔县地方文化为切入点,创新设计,不断推出高端产品。四是进一步优化创业环境,为各类人才提供良好的工作、学习和生活环境,搭建塔玉产业的孵化器,为产品创新营造新环境,激发新动能。

只要我们尊重客观规律,立足相关理论,市场正确定位,科学决策,精心谋划,开拓创新,综合开发,有效利用,新疆塔玉开发利用产业就一定会出现蓬勃发展的新局面,一定能为地方经济、社会、旅游和文化发展以及进一步弘扬中国传统玉文化作出新贡献。

主要参考文献

安燕飞,郑刘根,孙倩文,等,2016.皖北卧龙湖煤矿岩－煤蚀变带黄铁矿拉曼光谱特征及意义[J].光谱学与光谱分析,36(4):986-990.

白芳芳,阮青锋,魏敬国,等,2016.桂林鸡血玉的致色机理研究[J].矿物岩石,36(4):1-9.

鲍莹,何明跃,传秀云,等,2008.江苏南京雨花石的矿物学特征[J].辽宁工程技术大学学报(自然科学版)(增刊1):326-328.

蔡士赐,1999.新疆维吾尔自治区岩石地层[M].武汉:中国地质大学出版社.

曹俊臣,律广才,刘德昌,等,1983.贵翠的染色机制及成因[J].矿物学报(3):183-192,244.

曹颖,王建,刘建国,等,2016.西昆仑早古生代岩浆弧大同岩体中埃达克质岩石的成因及地质意义[J].吉林大学学报(地球科学版),46(2):425-442.

陈端计,杭丽,2010.低碳经济理论研究的文献回顾与展望[J].生态经济(11):32-38.

陈华,柯捷,周丹怡,等,2015.从我国不同商品名称石英质玉石的宝石学特征探讨其定名[C]//国土资源部珠宝玉石首饰管理中心,北京珠宝研究所.中国珠宝首饰学术交流会论文集(2015).北京:国土资源部珠宝玉石首饰管理中心:161-171.

陈全莉,包德清,姚伟,2013a,等."佘太翠"玉的成分及结构研究[J].宝石和宝石学杂志,15(2):1-6.

陈全莉,包德清,尹作为,等,2013b."佘太翠"玉的振动光谱表征[J].光谱学与光谱分析,33(10):2787-2790.

陈全莉,袁心强,贾璐,2011.台湾蓝玉髓的振动光谱表征[J].光谱学与光谱分析,31(6):1549-1551.

陈伟,2007.中国产业SWOT分析与对策[M].北京:中国人民大学出版社.

代司晖,申柯娅,2016.四川凉山南红玛瑙与非洲南红玛瑙的宝石学特征[J].宝石和宝石学杂志,18(4):22-27.

戴慧,刘琪,张青,等,2011.大别山区石英质玉宝石矿物学特征研究[J].宝石和宝石学杂志,13(3):32-37.

戴雨杉,何雪梅,2017.巴西紫玛瑙中水与结构的关系及水的附存状态特征研究[C]//国家珠宝玉石质量监督检验中心,中国珠宝玉石首饰行业协会.中国国际珠宝首饰学术交流会论文集(2017).北京:地质出版社:228-232.

戴铸明,2017.石林彩玉的化学成分、矿物组成及宝石学特征[J].宝石和宝石学杂志,
    19(S1):19-24.
丁道桂,王道轩,刘伟新,等,1996.西昆仑造山带与盆地[M].北京:地质出版社.
董洁,2010.浅析唐代玛瑙器皿[J].文博(5):71-74.
杜杉杉,殷科,韩文,等,2014.一种商业名为"金丝玉"的矿物学特征[J].宝石和宝石学
    杂志,16(4):49-53.
端文新,1995.中国宝玉石资源及开发利用[J].中国矿业(4):23-26.
范文莉,2016.南红玛瑙的宝石学特征及颜色分级研究[D].北京:中国地质大学(北
    京).
方锡廉,汪玉珍,1990.西昆仑山加里东期花岗岩类浅识[J].新疆地质(2):153-158.
冯昌荣,2013.西昆仑塔什库尔干地区铁矿地质特征、成矿模式及找矿预测[D].北京:
    中国地质大学(北京).
冯晓语,2018.阿拉善彩玉颜色成因研究[J].西部资源(6):59,63.
付博,2009.辽宁旧石器时代晚期文化及相关问题的研究[D].长春:吉林大学.
付温喜,2013.矿产资源产权理论的基础与现实意义探究[J].地球(10):45-45.
高殿松,2014.河南省玉石类矿产资源产业发展研究[D].北京:中国地质大学(北京).
高晓峰,校培喜,康磊,等,2013.西昆仑大同西岩体成因:矿物学、地球化学和锆石 U-
    Pb 年代学制约[J].岩石学报,29(9):3065-3079.
葛宝荣,2007.云南珍宝:黄蜡石 黄龙玉[M].北京:地质出版社.
郭坤一,张传林,赵宇,等,2002.西昆仑造山带东段中新元古代洋内弧火山岩地球化学
    特征[J].中国地质(2):161-166.
郭威,王时麒,2017.云南保山南红玛瑙矿物学特性及致色机理探究[J].岩石矿物学杂
    志,36(3):419-430.
郭贤才,1992.世界金银珠宝加工中心[J].地球(1):62.
何辰,2017.对几种常见石英岩玉的认识[J].西部资源(4):33-34.
何明跃,王濮,1994.石英的结晶度指数及其标型意义[J].矿物岩石(3):22-28.
胡隽秋,2009.新疆煤炭工业发展回顾与展望[J].中国煤炭,35(4):20-24.
计文化,李荣社,陈守建,2011.甜水海地块古元古代火山岩的发现及其地质意义[J].
    中国科学,41(4):1268-1280.
贾兰坡,盖培,尤玉桂,1972.山西峙峪旧石器时代遗址发掘报告[J].考古学报(1):
    39-58.
姜春发,杨经绥,冯秉贵,等,1992.昆仑开合构造[M].北京:地质出版社.
姜耀辉,郭坤一,贺菊瑞,等,1999b.青藏高原大同西侧石英二长岩体地球化学及岩石

系列[J].地球化学(6):542-550.

姜耀辉,芮行健,贺菊瑞,等,1999a.西昆仑山加里东期花岗岩类构造的类型及其大地构造意义[J].岩石学报(1):106-108,110,112-116.

李宝军,2011.内蒙古"佘太翠"的地质学和宝石学特征研究[C]//国土资源部珠宝玉石首饰管理中心,中国珠宝玉石首饰行业协会.中国珠宝首饰学术交流会论文集(2011).北京:国土资源部珠宝玉石首饰管理中心:312-315,450.

李擘,何雪梅,2017.盐源玛瑙的宝石矿物学特征研究[C]//国家珠宝玉石质量监督检验中心,中国珠宝玉石首饰行业协会.中国国际珠宝首饰学术交流会论文集(2017).北京:国土资源部珠宝玉石首饰管理中心:233-240.

李三忠,赵淑娟,李玺瑶,等,2016.东亚原特提斯洋(Ⅰ):南北边界和俯冲极性[J].岩石学报,32(2):2609-2627.

李圣清,张义丞,祖恩东,等,2014.南红玛瑙的宝石学特征[J].宝石和宝石学杂志,16(3):46-51.

李伟良,王谦,2015.临武县通天玉相关特征及成因初探[J].国土资源导刊,12(4):46-49.

李新华,胡晓燕,2011.新疆矿产资源开发与生态补偿的探讨[J].新疆环境保护,33(3):27-29,34.

李娅莉,1997.东陵石的宝石学特征与鉴别[J].珠宝科技(2):21-22.

李芝安,2013.清代朝珠述论[J].中国国家博物馆馆刊(6):102-110.

李智泉,2018.西昆仑塔什库尔干铁矿带成矿机制及沉积环境[D].北京:中国地质大学(北京).

栗欣,孟琪,2012.矿产资源产权理论的基础与现实意义[J].中国矿业,21(8):12-15.

廖世勇,姜耀辉,杨万志,2009.西昆仑大同岩体岩浆成因绿帘石矿物学研究及其对岩体形成构造环境的制约[J].矿物学报,29(1):49-55.

廖宗廷,周祖翼,周征宇,等,2017.中国玉石学概论[M].武汉:中国地质大学出版社.

凌涛,赵国浩,宗颖聪,2011.山西煤炭资源综合利用对策研究[J].能源技术与管理(3):157-159.

刘成纪,2015.石与玉:论中国社会早期玉文化的形成[J].江苏行政学院学报(3):40-48.

刘成军,2015.西昆仑造山带(西段)及周缘早古生代—早中生代物质组成与构造演化[D].西安:长安大学.

刘德民,吕晓春,黄锦山,等,2018.滇东北会泽地区南红玛瑙产出特征及成因分析[J].地质找矿论丛,33(4):548-553.

刘素琴,1994.儒释道与玉文化[J].中国国家博物馆馆刊,1:38-45.

刘婉,2009.云南龙陵小黑山地区"黄色系列玉髓"的宝石学特征研究[D].昆明:昆明理工大学.

刘婉,2017.云南龙陵小黑山地区黄龙玉"褪色现象"解析[J].现代经济信息(2):465-467.

刘学,钱建平,陈珊珊,2013.一种新玉种——黄龙玉[J].矿产与地质,27(2):162-168.

鲁力,边智虹,魏均启,等,2016."荆山玉"的宝石矿物学特征[J].宝石和宝石学杂志,18(4):16-21.

吕遵谔,2004.中国考古学研究的世纪回顾:旧石器时代考古卷[M].北京:科学出版社.

栾雅春,2013.丹东黄腊石的宝石矿物学特征[J].昆明冶金高等专科学校学报,34:17-20.

栾晔,2009.试论沈阳故宫博物院院藏朝珠[J].满族研究(2):118-123.

罗书琼,刘迎新,施光海,2013.广东乳源彩石的矿物学特征及颜色成因研究[J].宝石和宝石学杂志(3):5-12.

罗卫东,石孟君,陈俊华,等,2006.新疆塔什库尔干县达布达绿柱石矿矿床地质特征[J].湘漠师范学院学报(自然科学版),28(3):74-77.

罗跃平,王春生,2015.应用红外镜面反射法区别显晶质石英岩和隐晶质玉髓[C]//国土资源部珠宝玉石首饰管理中心,中国珠宝玉石首饰行业协会.珠宝与科技——中国珠宝首饰学术交流会论文集(2015).北京:国土资源部珠宝玉石首饰管理中心:187-189.

骆少勇,周跃飞,张晢,等,2017.南红玛瑙保山料与凉山料的微量元素特征及成因[J].云南地质,36(4):546-550.

马尔福宁,1984.矿物物理学导论[M].李高山,译.北京:地质出版社,170-177.

孟丽娟,王时麒,陈振宇,2016.紫色玉髓的颜色成因初探[J].岩石矿物学杂志,35(S1):78-84.

牛克洪,李宏军,2011.中国煤炭工业低碳经济发展路线图[J].煤炭经济研究,31(7):10-13.

潘晓林,2008.湖南世纪情国际广场发展战略研究[D].长沙:湖南大学.

潘羽,2017.河南新密密玉的宝石学特征及成因研究[D].北京:中国地质大学(北京).

潘裕生,1990.西昆仑山构造特征与演化[J].西北地质(3):224-232.

潘裕生,1994.青藏高原第五缝合带的发现与论证[J].地球物理学报(2):184-192.

裴景成,范陆薇,谢浩,2014.云南龙陵黄龙玉的振动光谱及XRD光谱表征[J].光谱学与光谱分析,34(12):3411-3414.

秦江波,于冬梅,孙永波,2011.中国矿产资源现状与可持续发展研究[J].经济研究导刊(22):11-12.

丘志力,谷娴子,刘小羽,2006.中国饰物(品)市场营销拓展探索[J].宝石和宝石学杂志,8(4):25-30.

山东省博物馆,1977.临淄郎家庄一号东周殉人墓[J].考古学报(1):73-104,179-196.

沈才卿,2011.黄龙玉命名与确认标准专家研讨会在京举行[J].宝石和宝石学杂志,13(1):10.

沈红霞,2009.铁氧化物/金核壳粒子的制备及表面增强拉曼光谱研究[D].苏州:苏州大学.

沈华,吴跃东,金世恒,等,2017.安徽霍山石英岩玉矿床地质特征与地球物理找矿方法研究[J].华东地质,38(1):51-57.

沈华,吴跃东,柳丙全,2016.霍山某石英质玉矿成因及开采技术条件分析[J].地下水,38(6):165-167.

施加辛,2011.云南新发现黄龙玉(石英质玉)矿床[J].宝石和宝石学杂志,13(4):38.

孙羽,许鹏,龙振峰,2017.陕西洛南石英质玉的宝石学特征[J].宝石和宝石学杂志,19(4):11-16.

陶明,徐海军,2016.玛瑙的结构、水含量和成因机制[J].岩石矿物学杂志,35(2):333-343.

田隆,2012.五颜六色的黄龙玉及致色机理[J].岩矿测试,31(2):306-311.

田帅,张乐,吕福德,2014.新疆金丝玉宝石学特征初探[J].科技视界(1):8-9.

汪立今,彭雪峰,李甲平,等,2011.新疆祖母绿(绿柱石)矿产出地质特征与找矿矿物学[J].矿物学报,31(3):604-609.

汪立今,任伟,陈勇,等,2009.新疆祖母绿宝石矿物学特征初探[J].矿物学报,29(2):225-228.

王常文,2005.资源稀缺理论与可持续发展[J].当代经济(4):52.

王承武,2010.新疆能源矿产资源开发利用补偿问题研究[D].乌鲁木齐:新疆农业大学.

王海飞,2009.我国西部矿产资源开发现状及可持续发展对策[J].中国矿业,18(2):16-18.

王濮,潘兆橹,翁玲宝,1984.系统矿物学(上册)[M].北京:地质出版社.

王时麒,张雪梅,2015.关于玉石的8个科学名称概念的分析和讨论[C]//国土资源部珠宝玉石首饰管理中心,北京珠宝研究所.中国珠宝首饰学术交流会论文集

(2015).北京:国土资源部珠宝玉石首饰管理中心:239-244.

王世炎,彭松民,2014.中华人民共和国区域地质调查报告:克克吐鲁克幅(J43C003002)塔什库尔干塔吉克自治县幅(J43C003003)(比例尺1:250000)[M].武汉:中国地质大学出版社.

王小明,杨凯光,孙世发,等,2011.水铁矿的结构、组成及环境地球化学行为[J].地学前缘,18(2):339-347.

王妍,白峰,杜季明,2015.广西大化石的表皮颜色研究[C]//国土资源部珠宝玉石首饰管理中心,中国珠宝玉石首饰行业协会.珠宝与科技——中国珠宝首饰学术交流会论文集(2015).北京:国土资源部珠宝玉石首饰管理中心:317-320.

王志洪,李继亮,侯林泉,等,2000.西昆仑库地蛇绿岩地质、地球化学及其成因研究[J].地质科学,35(2):151-160.

文长春,2015.桂林鸡血玉的激光拉曼光谱研究[J].超硬材料工程,27(2):57-59.

闻辂,1988.矿物红外光谱学[M].重庆:重庆大学出版社.

巫新华,杨军,戴君彦,2019.海昏侯墓出土玛瑙珠、饰件的受沁现象解析[J].文物天地(2):62-73.

吴和平,吴玲,何艳梅,2007.矿产资源优化利用与矿业可持续发展研究[J].矿产保护与利用(2):1-6.

肖文交,侯泉林,李继亮,等,2000.西昆仑大地构造相解剖及其多岛增生过程[J].中国科学,30(增刊):22-28.

辛学飞,2017.红山文化晚期玉玦形制特点的研究[J].赤峰学院学报(汉文哲学社会科学版),38(9):5-10.

熊见竹,2015.四川凉山州南红玛瑙的宝石矿物学特征研究[D].北京:中国地质大学(北京).

徐玖平,李斌,2010.发展循环经济的低碳综合集成模式[J].中国人口·资源与环境,20(3):1-8.

徐质彬,张利军,杨晓弘,等,2018.湖南临武通天山石英质玉矿床地质特征与成矿规律[J].资源信息与工程,33(5):47-49,51.

闫军印,赵国志,孙卫东,2008.区域矿产资源开发生态经济系统[M].北京:中国物资出版社.

燕长海,陈曹军,曹新志,等,2012.新疆塔什库尔干地区"帕米尔式"铁矿床的发现及其地质意义[J].地质通报,31(4):549-557.

杨林,Mashkovtsev R,Botis S,等,2009.绿色石英岩(贵翠)致色因素研究[C]//国家珠宝玉石质量监督检验中心.2009中国珠宝首饰学术交流会论文集.北京:国土资源部珠宝玉石首饰管理中心:219-222.

杨梦楚,2012.云南龙陵黄龙玉的成因分析以及矿物学特征、品质特征耦合分析[D].北京:中国地质大学(北京).

杨银成,沈刚刚,张芬英,等,2007.青海省祁连绿东陵玉石矿及地质特征[J].矿产与地质(6):662-664.

杨振福,寇大明,兰连义,2008.新疆维吾尔自治区喀什市塔什库尔干县卡湖乡刚玉黑云斜长片麻岩中刚玉特征[J].渤海大学学报(自然科学版)(1):23-25.

姚雪,2007.云南黄色硅质岩玉的宝石学特征[J].宝石和宝石学杂志(2):13-14.

于晓飞,2010.西昆仑造山带区域成矿规律研究[D].长春:吉林大学.

于晓飞,孙丰月,李碧乐,等,2011.西昆仑大同地区加里东期成岩、成矿事件:来自 LA-ICP-MS 锆石 U-Pb 定年和辉钼矿 Re-Os 定年的证据[J].岩石学报,27(6):1770-1778.

俞易利."塔"的意义的演变[N].语言文字周报,2015-07-15(04).

禹秀艳,李甲平,汪立今,等,2011.新疆南部祖母绿(绿柱石)成矿地质条件初探[J].中国矿业,20(11):61-63.

禹秀艳,李甲平,汪立今,等 2011.,新疆塔什库尔干祖母绿(绿柱石)成矿区域地质背景研究[J].地球学报,32(4):419-426.

喻云峰,廖佳,吴改,2017."红碧石"的宝石矿物学特征[J].矿物学报,37(6):801-806.

袁晓玲,张青,阳珊,等,2012.大别山玉的相关特征及形成机制[J].安徽地质,22(3):188-191.

袁学银,郑海飞,2014.常温和 0.1~1400MPa 条件下黄铜矿的拉曼光谱研究[J].光谱学与光谱分析,34(1):87-91.

张蓓莉,2013.系统宝石学(第二版)[M].北京:地质出版社.

张金富,王世勋,2007.云南龙陵玉石新品——黄蜡玉特性及品质评述[J].云南地质(1):25-31.

张伟林,于海锋,王爱国,等,2005.西昆仑西段三叠纪两类花岗岩年龄测定及其构造意义[J].地质学报,79(5):645-652.

张新茔,2013.奇妙的玉石之乡[J].法治人生(17):41-43.

张勇,柯捷,陆太进,等,2012.黄色石英质玉石中"水草花"的物质组成研究[J].宝石和宝石学杂志,14(3):1-5.

张勇,刘伦贵,罗光连,等,2013."霍山玉"的宝石学特征[C]//国土资源部珠宝玉石首饰管理中心,中国珠宝玉石首饰行业协会.中国珠宝首饰学术交流会论文集(2013).北京:国土资源部珠宝玉石首饰管理中心:240-243.

张勇,陆太进,杨天畅,等,2014.石英质玉石的颜色分布及其微量元素分析[J].岩石矿物学杂志,33(S1):83-88.

张勇,魏然,柯捷,等,2016b.黄色和红色石英质玉石的颜色成因研究[J].岩石矿物学杂志,35(1):139-146.

张勇,周丹怡,陈华,等,2016a.应用同步辐射技术解析黄色-红色石英质玉石中的致色矿物[J].岩矿测试,35(5):513-520.

张玉民,郑甲苏,2010.煤炭资源型城市空间结构重组战略模式研究——以山西省孝义市为例[J].城市规划,34(9):82-85.

张志琦,赵彤,李妍,2018.马达加斯加玛瑙的结构、水含量和成因机制[J].宝石和宝石学杂志,20(S1):93-96.

郑金鑫,2012.我国矿产资源可持续发展探讨[J].中国矿业,21(7):34-36.

周丹怡,陈华,陆太进,2013.黄色-红色系列隐晶质石英质玉石颜色成因研究进展[C]//国土资源部珠宝玉石首饰管理中心,北京珠宝研究所.中国珠宝首饰学术交流会文集(2013).北京:国土资源部珠宝玉石首饰管理中心:215-219.

周丹怡,陈华,陆太进,等,2015a.广西贺州石英质玉石"荔枝冻"的宝石学特征及颜色成因[C]//国土资源部珠宝玉石首饰管理中心,中国珠宝玉石首饰行业协会,珠宝与科技——中国珠宝首饰学术交流会论文集(2015).北京:国土资源部珠宝玉石首饰管理中心:205-210.

周丹怡,陈华,陆太进,等,2015b.基于拉曼光谱-红外光谱-X射线衍射技术研究斜硅石的相对含量与石英质玉石结晶度的关系[J].岩矿测试,34(6):652-658.

周丹怡,陈华,陆太进,等,2017.广西桂林不同颜色石英质玉的宝石学特征对比研究[C]//国土资源部珠宝玉石首饰管理中心,北京珠宝研究所,中国珠宝首饰学术交流会论文集(2017).北京:国土资源部珠宝玉石首饰管理中心:198-209.

周德群,冯本超,2002.矿区可持续发展模式研究[J].经济地理(2):231-236.

周辉,李继亮,侯泉林,等,1998.西昆仑库地蛇绿混杂带中早古生代放射虫化石的发现及其意义[J].科学通报,43(22):2448-2451.

周舟,李立平,2017.台湾绿玉髓的颜色成因[J].宝石和宝石学杂志,19(2):34-40.

朱红伟,李婷,王萍,2014.一种商业名为"冰田玉"的宝石学特征[J].超硬材料工程,26(6):55-57.

祝琳,杨明星,唐建磊,等,2015.南红玛瑙宝石学特征及红色纹带成因探讨[J].宝石和宝石学杂志,17(6):31-38.

BLAYNEY T,NAJMAN Y,DUPONT-NIVET G,et al, 2016. Indentation of the Pamirs with respect to the northern margin of Tibet:constraints from the Tarim Basin sedimentary record[J]. Tectonics(35):2345-2369.

BRIGGS R J,RAMDAS A K,1977. Piezospectroscopy of the Raman spectrum of α-quartz[J]. Phys Rev B,16(8):3815-3826.

CORNELL R M,SCHWERTMANN U,2003. The Iron Oxides:Structure,Properties,Reactions,Occurrences and Uses(2nd ed.)[M]. Weinheim:Wiley_VCH.

CZAJA M,MARIOLA K-G,RADOSLAW L,et al,2014. Luminescence and other spectroscopic properties of purple and green Cr-clinochlore[J]. Physics and Chemistry of Minerals,41(2):115-126.

DUCEA M N,LUTKOV V,MINAEV V T,et al,2003. Building the Pamirs:The view from the underside[J]. Geology,31(10):849.

ETCHEPARE J,1974. Vibrational normal modes of SiO_2. I. α and β quartz[J]. J Chem Phys,60(5):1873-1876.

FALLICK A E,JOCELYN J,DONNELLY T,et al,1985. Origin of agates in volcanic rocks from Scotland[J]. Nature,313(6004):672-674.

FLÖRKE O W,KÖHLER-HERBERTZ B,LANGER K,et al,1982. Water in Microcrystalline quartz of volcanic origin:agates[J]. Contributions to Mineralogy and Petrology,80(4):324-333.

FRENCH M W,WORDEN R H,LEE D R,2013. Electron backscatter diffraction investigation of length-fast chalcedony in agate:implications for agate genesis and growth mechanisms[J]. Geofluids,13(1):32-44.

FRENCH M W,WORDEN R H,2013. Orientation of microcrystalline quartz in the Fontainebleau Formation,Paris Basin and why it preserves porosity[J]. Sedimentary Geology,(284-285):149-158.

GLIOZZO E,GRASSI N,BONANM P,et al,2011. Gemstones from vigna Barberim at the palatine hill (Rome,Italy)[J]. Archaemetry,53(3):469-489.

GÖTZE J,MÖCKEL J,KEMPE U,et al,2009. Characteristics and origin of agates in sedimentary rocks from the Dryhead area,Montana, USA[J]. Mineralogical Magazine,73(4):673-690.

GÖTZE J,NASDALA L,KLEEBERG R,et al,1998. Occurrence and distribution of "moganite" in agate/chalcedony:a combined micro-Raman, Rietveld, and cathodoluminescence study[J]. Contributions to Mineralogy & Petrology,133(1-2):96-105.

GÖTZE J,PLPTZE M,TICHOMIROWA M,et al,2001b. Aluminium in quartz as an indicator of the temperature of formation of agate[J]. Mineralogical Magazine,65

(3):407-413.

GÖTZE J,TICHOMIROWA M,FUCHS H,et al,2001a. Geochemistry of agates: a trace element and stable isotope study[J]. Chemical Geology,175(3):523-541.

KRONER U,ROSCHER M,ROMER R L,2016. Ancient plate kinematics derived from the deformation pattern of continental crust:Paleo- and Neo-Tethys opening coeval with prolonged Gondwana-Laurussia convergence [J]. Tectonophysics (681): 220-233.

LIAO S Y,JIANGG Y H,JIANG S Y,et al,2010. Subducting sediment-derived arc granitoids:evidence from the Datong pluton and its quenched enclaves in the western Kunlun orogen,northwest China[J]. Mineralogy & Petrology,100(1-2):55-74.

LIU L,LV C J,ZHUANG C Q,et al,2015. First-principles simulation of Raman spectra and structural properties of quartz up to 5 GPa [J]. Chin Phys B, 24 (12):127401.

MATTE P,TAPPONNIER P,ARNAUD N,et al,1996. Tectonics of western tibet,between the Tarim and the Indus[J]. Earth and Planetary Science Letters,142(3-4):311-330.

METCALFE I, 2013. Gondwana dispersion and Asian accretion: Tectonic and palaeogeographic evolution of eastern Tethys[J]. Journal of Asian Earth Sciences,66:1-33.

MURATA K J,NORMAN M B,1976. An index of crystallinity for quartz[J]. American Journal of Science,276(1):1120-1130.

NISHIDA T,1986. Measurements of crystallinity for quartz minerals. Journal of the College of Arts and Sciences[J]. Chiba University,(B-19):35-43.

QIN F,WU X,WANG Y,et al,2016. High-pressure behavior of natural single-crystal epidote and clinozoisite up to 40GPa[J]. Physics and Chemistry of Minerals,43 (9):649-659.

RUTTE D,RATSCHBACHER L,SCHNEIDER S,et al,2017. Building the Pamir-Tibetan Plateau-Crustal stacking,extensional collapse,and lateral extrusion in the Central Pamir:1. Geometry and kinematics[J]. Tectonics,36(3):342-384.

SCOTT J F,PORTO S P S,1967. Longitudinal and transverse optical lattice vibrations in quartz[J]. Phys Rev,161(3):903-910.

SENGOR A M C,1992. The paleo tethyan suture:A line of demarcation between two fundamentally different and architectural styles in the structure of Asia[J]. Island

Arc(1):78-91.

TALEBIAN M,TALEBIAN E,ABDI A,2012. The calculation of active Raman modes of α-quartz crystal via density functional theory based on B3LYP Hamiltonian in 6-311+G(2d) basis set [J]. Pramana,78 (5):803-810.

TAPPONNIER P,PELTZER G,ARMIJO R,1986. On the mechanics of the collision between India and Asia[J]. Geological Society, London, Special Publications,19 (1):113-157.

XIAO W J,WINDLEY B F,HAO J,et al,2002. Arc-ophiolite obduction in the Western Kunlun Range (China):implications for the Palaeozoic evolution of central Asia[J]. Journal of the Geological Society,159(5):517-528.

YANG J S,ROBINSON P T,JIANG C F,et al,1996. Ophiolites of the Kunlun Mountains, China and their tectonic implications [J]. Tectonophysics, 258 (1-4): 215-231.

YIN A,HARRISON T M,2000. Geologic evolution of the himalayan-tibetan orogen[J]. Annual Review of Earth & Planetary Sciences,28:211-280.

ZHANG C L,ZOU H B,LI H K,et al,2013. Tectonic framework and evolution of the Tarim Block in NW China[J]. Gondwana Research,23(4):1306-1315.

ZHANG C L,ZOU H B,YE X T,et al,2018. Tectonic evolution of the NE section of the Pamir Plateau:New evidence from field observations and zircon U-Pb geochronology[J]. Tectonophysics,723:27-40.

ZHANG J X,YU S Y,MATTINSON C G,2017. Early paleozoic polyphase metamorphism in northern Tibet,China[J]. Gondwana Research,41:267-289.

ZHANG K J,ZHANG Y X,TANG X C,et al,2012. Late mesozoic tectonic evolution and growth of the Tibetan Plateau prior to the Indo-Asian collision[J]. Earth ScienceReviews,114(3):236-249.

ZHANG Y,NIU Y L,HU Y ,et al,2016. The syncollisional granitoid magmatism and continental crust growth in the West Kunlun Orogen,China-Evidence from geochronology and geochemistry of the Arkarz pluton[J]. Lithos,245:191-204.

ZHU D C,ZHAO Z D,NIU Y L,et al,2011. Lhasa terrane in southern Tibet came from Australia[J]. Geology,39(8):727-730.

ZHU D C,ZHAO Z D,NIU Y L,et al,2011. The Lhasa Terrane:Record of a microcontinent and its histories of drift and growth[J]. Earth and Planetary Science Letters,301(1-2):241-255.

塔玉作品赏析

立春

雨水

惊蛰

春分

清明

谷雨

立夏

小满

芒种

夏至

小暑

大暑

立秋　　　　　　　　　处暑

白露　　　　　　　　　秋分

寒露

霜降

立冬

小雪

大雪

冬至

小寒

大寒

  在上海市文化和旅游局、上海市教育委员会指导下，同济大学于2019年9月承办了由文化和旅游部、教育部、人力资源和社会保障部共同实施的"中国非物质文化遗产传承人群研修研习培训计划"第九期非遗研培班——玉石雕刻研修班。来自不同地区、不同流派的玉雕传承人以中国传统文化二十四节气为主题，以丰富多彩的新疆塔玉为材料，共同创作了集体作品《玉见节气》。新疆塔玉这一自然馈赠与玉雕设计和加工工艺的结合，让我们深刻感受到春的生机、夏的温度、秋的光泽、冬的纯粹。

主创与策划：范圣玺　宋善威　谢晓宇
创作成员：许海东　余佩松　王朝杰　李旻罡　李府承　李金龙　李世明
　　　　　刘钜华　王峰杰　毛仲卿　王一卜　谢文才　刘勇蒙　周星
　　　　　肖虹桥　吴华友　李嘉豪　毛军伟　易鑫　　刘蒙松
　　　　　黄敏　　尹志江　刀保江　段大恒
创作材料：由包章泰先生提供

塔玉长颈撇口瓶(雕刻师:米增富)

塔玉茶具

塔玉摆件(鲍荣华摄)

塔玉茶具(鲍荣华摄)

塔玉茶具(鲍荣华摄)

塔玉摆件(鲍荣华摄)